U0278946

"群学新知"译丛

李钧鹏 主编

人工虚拟智能

拒绝妥协

〔英〕哈利·柯林斯 著

唐旭日 译

ARTIFICTIONAL INTELLIGENCE

Against Humanity's Surrender to Computers

华中科技大学出版社
http://press.hust.edu.cn
中国·武汉

Artifictional Intelligence：*Against Humanity's Surrender to Computers*，1st Edition / by Harry Collins / ISBN：9781509504114

湖北省版权局著作权合同登记　图字：17-2022-106 号

图书在版编目（CIP）数据

人工虚拟智能：拒绝妥协/（英）哈利·柯林斯著；唐旭日译.—武汉：华中科技大学出版社，2022.12（2024.8 重印）

（"群学新知"译丛）

ISBN 978-7-5680-8761-2

Ⅰ.① 人… Ⅱ.① 哈… ② 唐… Ⅲ.① 人工智能-研究 Ⅳ.① TP18

中国版本图书馆 CIP 数据核字（2022）第 216739 号

人工虚拟智能：拒绝妥协 （英）哈利·柯林斯　著

Rengong Xuni Zhineng：Jujue Tuoxie 唐旭日　译

策划编辑：张馨芳　陈心玉

责任编辑：贺翠翠

封面设计：Pallaksch

版式设计：赵慧萍

责任校对：张会军

责任监印：朱　玢

出版发行：华中科技大学出版社（中国·武汉）　　电话：（027）81321913
　　　　　武汉市东湖新技术开发区华工科技园　　邮编：430223

录　　排：华中科技大学出版社美编室

印　　刷：湖北新华印务有限公司

开　　本：710mm×1000mm　1/16

印　　张：12.25

字　　数：179 千字

版　　次：2024 年 8 月第 1 版第 2 次印刷

定　　价：98.00 元

"群学新知"译丛总序

自严复在 19 世纪末介绍斯宾塞的"群学"思想至今，中国人引介西方社会学已有一个多世纪的历史。虽然以荀子为代表的古代先哲早已有了"群"的社会概念，社会学在现代中国的发展却是以翻译和学习西方理论为主线的。时至今日，国内学人对国外学术经典和前沿研究已不再陌生，社会学更是国内发展势头最好的社会科学学科之一。那么，为什么还要推出这套"群学新知"译丛？我们有三点考虑。

首先，我们希望介绍一些富有学术趣味的研究。在我们看来，社会学首先应当是一门"好玩"的学科。这并不是在倡导享乐主义，而是强调社会学思考首先应该来自个人的困惑，来自一个人对其所处生活世界以及其他世界的好奇心。唯有从这种困惑出发，研究者方能深入探究社会力如何形塑我们每个人的命运，才能做出有血有肉的研究。根据我们的观察，本土社会学研究往往严肃有余，趣味不足。这套译丛希望传递一个信息：社会学是有用的，更是有趣的！

其次，我们希望为国内学界引入一些不一样的思考。和其他社会科学领域相比，社会学可能是包容性最强的学科，也是最多样化的学科。无论是理论、方法，还是研究主题，社会学都给非主流的研究留出了足够的空间。在主流力量足够强大的中国社会学界，我们希望借这套译丛展现这门学科的不同可能性。一门画地为牢的学科是难以长久的，而社会学的生命力正在于它的多元性。

最后，我们希望为中西学术交流添砖加瓦。本土学术发展至今，随着国人学术自信的增强，有人觉得我们已经超越了学术引进的阶段，甚至有人认为中西交流已没有价值，我们对此难以苟同。中国社会学的首要任务当然是理解发生在这片土地上的经验与实践，西方的社会学也确实有不同于中国的时代和文化背景，但本土化和规范化并不是非此即彼的关系，本土化研究也绝对不等同于闭门造车。在沉浸于中国的田野经验的同时，我们也要对国外的学术动向有足够的了解，并有积极的对话意识。因为，唯有将中西经验与理论进行严格的比较，我们才能知道哪些是真正"本土"的知识；唯有在本土语境下理解中国人的行动，我们才有望产出超越时空界限的学问。

基于上述理由，"群学新知"译丛以内容有趣、主题多元为选题依据，引入一批国外社会学的前沿作品，希望有助于开阔中文学界的视野。万事开头难，我们目标远大，但也希望走得踏实。做人要脚踏实地，治学当仰望星空，这是我常对学生说的话，也与读者诸君共勉。

李钧鹏

（华中师范大学社会学院教授、博士生导师）
2022年世界读书日于武昌南湖之滨

致　谢

感谢我的妻子苏珊（Susan），她给出了本书的标题——人工虚拟智能，并让我注意到"计算机说不行"。塔米·博伊斯（Tammy Boyce）帮助寻找了相关电影。还要感谢那些愿意花时间与我讨论人工智能研究现状的人。史蒂文·肖克尔（Steven Schockaert）在卡迪夫大学（Cardiff University）研究人工智能科学与工程前沿，我们经常在午餐时间讨论，他还阅读了本书的初稿并提出了许多宝贵的意见。我要感谢卡迪夫大学计算机系"深度学习阅读小组"的成员们，他们允许我旁听他们的周会，虽然我有几次搞砸了他们的讨论。迈克尔·波顿（Michael Bolton）、阿瑟·雷伯（Arthur Reber）、埃德加·惠特利（Edgar Whitley）和我在卡迪夫大学的许多同事也读了本书，并给我提出了宝贵的建议。来自人工智能和计算机研究界前沿的读者（包括英国政体出版社招募的三位匿名读者），以及欧内斯特·戴维斯（Ernest Davis）、赫克托·莱维斯克（Hector Levesque）和艾伦·布莱克韦尔（Alan Blackwell），对我的方法进行了热烈讨论，这些讨论大多是通过电子邮件进行的，但有一次是面对面交流。他们每个人都对本书进行了广泛，有时甚至是批判性的评论，帮助我消除了一些错误，并增加了各种细节，让我受益良多。最重要的是，他们鼓励了我，让我不再怀疑我的技术能力是否足以完成我自己设定的任务。书中所有的缺陷、错误和愚蠢的表述当然都是我的责任。我也感谢本书引用过的学者，例如杰弗里·辛顿（Geoffrey Hinton）和约舒亚·本吉奥（Yo-shua Bengio），他们对深度学习前沿问题进行了很有价值的讨论。艾玛·朗斯塔夫（Emma Longstaff）从政体出版社拿到并阅读了本书的早期版本，而乔纳森·斯克莱特（Jonathan Skerrett）阅读了出版前的一稿。他们都提供了非常有用的反馈，给本书带来了显著的改进。我还要感谢政体出版社鼓励我写这本书，感谢尼尔·德·科特（Neil de Cort）快速、轻松地处理所有出版方面的事宜，特别感谢海伦·格雷（Helen Gray）富有同理心和想象力的文字编辑，她是文字编辑中位居前 0.1% 的佼佼者。

这些年，在引力波探测工作中，我们得到一系列的资金支持：1975 年，得到 SSRC 资助 893 英镑，项目名称为"科学现象社会学的进一步探索"（*Further Exploration of the Sociology of Scientific Phenomena*）；1995—1996 年，得到 ESRC（R000235603）资助 39927 英镑，项目名称为"科学思想死而复生：引力波与网络"（*The Life After Death of Scientific Ideas：Gravity Waves and Networks*）；1996—2001 年，得到 ESRC（R000236826）资助 14 万英镑，项目名称为"物理过渡"（*Physics in Transition*）；2002—2006 年，得到 ESRC（R000239414）资助 177718 英镑，项目名称为"建立新天文学"（*Founding a New Astronomy*）；2007—2009 年，得到 ESRC（RES-000-22-2384）资助 48698 英镑，项目名称为"发现社会学"（*The Sociology of Discovery*）；2010 年至今，得到美国国家科学基金会给予雪城大学（Syracuse University）的项目"利用增强 LIGO 和先进 LIGO 探测引力波"（*Toward Detection of Gravitational Waves with Enhanced LIGO and Advanced LIGO*）（PHYS0854812）和"完成引力波探测的社会学历史"（*To Complete the Socio-*

logical History of Gravitational Wave Detection）的资助。与本书相关的模仿游戏的研究得到了 2011—2016 年欧洲研究理事会的重点资助（269463 IMGAME），金额为 2260083 欧元，项目名称为"一种用于跨文化和跨时间比较社会的新方法"（*A New Method for Cross-cultural and Cross-temporal Comparison of Societies*）。有关边缘与主流科学之间关系的研究得到了 2014—2016 年 ESRC（RES / K006401 / 1）277184 英镑的支持，项目名为"什么是政策科学共识：物理学的心脏地带和腹地"（*What Is Scientific Consensus for Policy? Heartlands and Hinterlands of Physics*）。

目 录

4

第一章
社会生活中的计算机以及人类妥协危机

> 我认为，到本世纪末，语言的使用和教育的普遍观念将会发生巨大的变化，人们可以自由讨论机器思维而不会受到驳斥。计算机说不行。

◎ 语言、智能和社会嵌入

计算机在智能方面是否能与人类媲美，这一问题已经争论了近 70 年。最近，机器智能使用了一种称为"深度学习"的技术，并取得了令人惊叹的成功，该争论也变得越来越有趣、越来越火热。应用深度学习技术，机器自身可以从大量数据库中提取知识。尽管处理速度、算法的智能性以及架构等方面都有了重要的技术突破，但超大规模的数据库才是关键。由于计算机的容量和速度有了很大的进步，在处理大量数据时，技术和逻辑上的限制就不再是麻烦的问题，而且即将变得无关紧要。这意味着机器现在正在接触广阔而复杂的人类日常互动的领域，并从中学习。其结果是，它们现在可以做大约 10 年前还无法预见的事情。那些对人工智能的潜力持怀疑态度的人，也开始思考一些令人着迷的问题。然而，本书的中心观点是否定的。

> （1）没有哪台计算机能够流利地使用自然语言，通过严格的图灵测试，并拥有完全类似人类的智能，除非它完全融入正常的人类社会。[1]
> （2）没有哪台计算机能基于现有技术渐进式发展而完全融入人类社会。

本书采用任何人都可以尝试的简单测试，以评估计算机是否具有完全的人类智能。

观点（1）是技术性的，类似于"我们无法阻止人类死亡，除非我们学会如何防止染色体末端的端粒变短"这样的观点。观点（2）没有那么有力，类似于"我们无法预见使用现有技术来阻止端粒变短的方法"这样的观点。我们会在第二章开始部分讨论各种观点的不可能性。本书的写作动机源自深度学习技术对观点（2）的挑战，这种技术比任何其他人工智能方法更接近于将计算机嵌入人类社会。持积极态度的深度学习专家认为他们已经预见到技术突破，因此观点（2）也就受到挑战，但我仍然认为他们的观点是错误的。即便可能我是错误的一方，并且全面的人类智能确实是建立在当前技术基础上的，本书也将会阐明这个过程中那些必须被解决的问题是非常困难的。

从另一方面来看，谷歌的工程总监雷·库兹韦尔（Ray Kurzweil），以及像斯蒂芬·霍金（Stephen Hawking）这样的专家，还有其他许多人，都相信在不太遥远的将来，具有与人类相同智能甚至比人类还要聪明的计算机将会出现。他们认为，如果我们创造出高智能计算机的种子，这些种子计算机将能够利用它们的能力创造出更智能的计算机，而后者也将继续创造出更智能的计算机，以此类推。至少其中有一些专家认为，所预测的前景非常危险，因为如果未来的机器愿意把我们当作宠物或奴隶，我们将是幸运的。霍金和其他几位预言家曾在报纸上写道：

> 你可以想象，这样的技术比金融市场更聪明，比人类研究人员更有创造力，比人类领导人更善于操控，甚至还能开发出我们无法理解的武器。（2014 年 12 月 7 日《独立报》）

库兹韦尔、霍金和其他人将这种危险称为"奇点"——就在几十年后，人类对他们的机器主人来说不过是一个讨厌鬼。[2] 当我们遇到在公共领域流传的计算机概念时，很容易被其已有的和潜在的力量所吸引。

尽管如此，亲爱的读者，你只需稍做努力，就立即可以证明在可见的未来计算机的局限性。在你的笔记本电脑（或其他类似设备）里输入类似于如下的文字"I am going to misspell wierd to prove a point"，你会注意到你的电脑一直将 wierd 作为一个拼写错误而将其标记或者改正（在我此时输入时，这种现象又一次发生了）。[3] 另一方面，你、我以及审稿人（如果注意力是集中的话）会马上意识到，我想在"e"之前输入"i"，即使在"weird"的常规拼写中，"e"在"i"之前，这种情况下没有什么需要标记或修改的。

这个看似微不足道的错误不仅仅是拼写检查器容易修复的一个错误；我认为，它也不是那种会被深度学习等领域的新发展所淹没的问题；它指向了人工智能的一个根本问题。这种情况之所以发生，是因为你必须了解词语的语境，才能明白"wierd"（标记再次出现了）不是一个拼写错误，而无论是当前性能多么卓越的计算机，还是未来将变得更好的计算机，都不会像人类那样靠直觉在语言使用中运用语境。[4]

另一种解释这种现象的说法是计算机无法"理解"文章。然而本书的主要观点与语境敏感性相关，它比"理解"更显而易见，更能说明问题。理解，就像意识一样，是在大脑或某种机制中运行的，而是否对语境敏感是可以检测出来的。在中文屋的思维实验中（第三章将进行讨论），最大的争议是关于计算机是否有意识，哪个部分有意识，有没有可能去理解。在第五章我们将看到库兹韦尔的观点，即现代程序使用的分析模式和人类大脑一样，因此，如果后者算作理解，那么前者也应该算作理解。这是一种无法通过观察来解决的争议。因此，我尽力避免谈论"内部状态"，例如理解和意识。[5] 但是，"无法理解"能够方便地解释计算机的能力缺陷，因而不能完全将其抛弃。本书在使用这一说法时，它应被看作一种简便的解释，任何可观察到的失败行为都会促使我们这样解释。

本书的中心主题是计算机是否嵌入语言社会。尽管深度学习目前具有更大的潜力从海量的日常人际互动中学习，但它能否做到嵌入语言社会还难以预料。我认为，尽管人工智能领域目前已经有了一些难以置信的成功，但我们还没有做到这一点。[6] 拼写检查器无法处理"wierd"的例子就是我说的"祛魅装置"。我将提供更多这样的例子，任何手边有电脑的人都可以随时尝试——如今几乎所有的人都如此，智能手机就是电脑，可以连接到其他更强大、更先进的电脑上。如果我们要避免过度沉迷于人工智能，那么不被这些计算机所谓的智能所迷惑是很重要的。

实际上，我们面临的最大危险不是奇点，而是没有注意到计算机不能处理语境这一缺陷，并将所有后续错误归咎于我们自己。因此，比被超智能计算机所奴役更糟糕、更紧迫的是，我们允许自己成为愚蠢的计算机的奴隶——我们认为这些计算机已经解决了难题，但实际上根本没有。危险不在于奇点，而在于妥协！篇首第一句题词摘自艾伦·图灵（Alan Turing）1950 年的著名论文《计算机器与智能》（*Computing Machinery and Intelligence*）。这里再重复一遍，他说："我认为，到本世纪末，语言的使用和教育的普遍观念将会发生巨大的变化，人们可以自由讨论机器思维而不会受到驳斥。"真正让我们感到害怕的是"语言的使用和教育的普遍观念"。

妥协已经扰乱了我们的生活，证据就在拼写检查程序之中。正如图灵在描述他著名的图灵测试时所预见的那样，语言的使用绝对是计算机智能的核心，语言和图灵测试也将是本书的核心。也许"weird"的错误微不足道，尽管事实如此，我在早期的书中引入的一个新词"polimorphic"（在我的屏幕上有下划线）经常呈现为"polymorphic"（在我的屏幕上没有下划线），因为某些程序会"纠正"它。[7] 妥协将意味着摧毁人类最独特的东西——自然语言的使用，它具有所有的灵活性和语境敏感性，这使得语言的使用如此丰富。[8]

如果你仍然认为这些例子是微不足道的，那么让我们看一些稍微麻烦的事情。不久前，我在机场取登机牌，结果被叫到一边，服务人员告知我必须买一张新机票，因为机票上我的名字写的是"Harry"，而不是我护照上的"Harold"。我立刻想到，有人（实际上是旅行社）犯了一个错误。但是我不应该想到这是一个"错误"，我应该想到的是"任何人都能理解昵称，所以有些机器太愚蠢了"。"Harry/Harold"是由于机器无法理解我们在不同社会语境中使用名字的方式而出现的另一个语言处理上的错误。"计算机说不行。"第二段题词中的陈述简短而有力。

> "计算机说不行"，或"计算机说不行"的态度，在客户服务中经常碰到。通过检查以电子方式存储或生成的信息，然后根据这些信息做出决策，很明显这一过程没有使用常识，并在一定程度上表现出无助，无法采取更多措施来达到双方都满意的结果。这种服务态度是通过英国喜剧小品《小不列颠》（*Little Britain*）而流行起来的。
>
> （https：//en.wikipedia.org/wiki/Computer _ says _ no）

当然，在计算机出现之前，缺乏服务意识的官僚主义的影响就一直是西方生活的一个主题，以至于此类事件被描述为"卡夫卡式"。我在机场的经历，也可以解读为计算机对一个缺乏服务意识世界的强化，即使在这一事件中计算机并不需要承担责任。（我写本书的时候，由于互联网提供商和密码问题，气得手在颤抖、血压飙升，这种情节已经不再陌生了。）[9]

再次强调，本书的主题是语境问题——如果计算机要表现得像个聪明的而不是缺乏意识的人，那么它需要像人类一样嵌入社会。对官僚主义的研究表明，只有当人们明白有些时候必须打破规则，并了解打破规则的时机、可接受性和创新性，官僚主义才能顺利运作。事实上，"为规则而工作"是在破坏一个组织。计算机的困难就在于，无错误的程序意味着规则得到了严格遵守，然而完美通常具有破坏性。

最新一代的计算机已嵌入互联网，它确实能够从互联网上发生的所有讨论中获取知识，并且能越来越多地从人类在电子媒介里进行的每一次互动中提取知识。在语言处理等方面，这种新的嵌入形式最近促成了相当多的成功案例。这些技术发展能否充分解决计算机的社会嵌入问题呢？我认为，近期的发展只是更进一步接近解决这个问题，还没有完全解决，但它让人类妥协的危险越来越近，如果我们不想对机器错误地顺从或被它压垮，就需要提高警惕。[10]

当我们想到计算机时，很难把社会语境问题作为考虑的焦点，因为长久以来关于人工智能的哲学思想已经促使我们把计算机看作"人工大脑"。人们一直想当然地认为，如果我们制造出的机器，其复杂性和能力接近人脑，我们就会创造出人工智能。其实这还需要一个步骤：我们每天都在创造具有人类大脑全部复杂性和能力的新实体，即新生儿的大脑，然而在这些婴儿完全习得成人的能力之前，他们必须经历一个我们并不真正理解的漫长过程，即所谓的"社会化"过程。多年后，婴儿看待事物的方式会符合他们成长起来的社会环境。他们中的一些人会吸收西方科学的世界观，并以那种方式看待事物；一些人出生在亚马逊部落，并以这种方式看待世界；有些人会相信女巫和魔鬼；而有些人将成为无神论者。即使是在同一个国家，比如美国——这一点从来没有像今天这样明显——新生儿经历的物理环境大致相似，但在成年后仍会形成一系列不同的信仰，而这些不同的信仰则是当地社会环境的产物。我们虽然不了解社会化过程的细节，但我们确实知道如何实现它。例如，对于本科生方法学课程的主题以及社会学、人类学和人种学中的诸多讨论，社会学家、人类学家和人种学家必须学会进入那些他们最初还不熟悉的社会群体，并了解其内部生活的样子。这些课程和讨论，或者其中的某些部分，包含了对社会语境敏感性的理解和认知，这些也是基于深度学习的计算机需要习得的。

现在，我们可以问这样一个问题："如果我们让一个新生儿像现代计算机一样只接触互联网内容，会发生什么？"假设孩子花了足够长的时间来学习书面语言规则，那孩子会变成怎样的呢？这个问题的答案必然与深度学习计算机的发展方向密切相关。因此，虽然在本书中我们主要关注计算机，但我们偶尔会回顾人类社会化的问题以及在截然不同的社会中成长的群体之间的互动问题，还会涉及我们将如何与来自陌生星球的外星人交流。其目的是使计算机在社会嵌入方面的问题更加突出，毕竟计算机在诞生之初并不比外星人更了解人类文化，甚至它们不可能在子宫里待过。

◎ 人工智能的两个原则：规则、模式和先例

我们需要将注意力转回到目前我们拥有的计算机上。当你智能手机中的程序似乎可以无障碍交流，几乎理解你所说的一切时，它们为何无法理解 wierd/weird 这样的单词拼写问题呢？这个难题可以通过分析复制人类智能的程序的基本编写原则来回答，这样的基本原则只有两条。传统的方法是，人类试图提取人类行为的规则，并将其编码到计算机程序中，这被称为符号人工智能，或基于规则的"老式人工智能"（GOFAI）。另一种方法，虽然不是很新，但也是最近成功的基础，就是尽可能多地收集人类行为的例子——尤其是书面的，如果可能的话，还收集说话的动作——并对计算机进行有效编程，然后计算机在这些例子中进行搜索，找到与可能说的内容相匹配的模式，并使用这些先例来估计实际所说的内容。这其中的大部分现在都能实时完成，而在未来，所有计算都按这一方式完成。也可能存在中间阶段，计算机从匹配模式中提取更高级别的概括。这些机器获取的概括可能永远无法被解释，而只是以人工"神经元"加权网络形式存在。深度学习是精细的模式匹配。我们正在看到计算机能力的显著突破，未来还会越来越多，这些突破来自可以收集和搜索到的大量先例，因为容量和速度障碍正在以指数级增长的速度消失，机器也正在取代人类去寻找相似性和构建概括性规则。这个过程依赖于巧妙的物理设计和数学分析的突破，以实现以最佳方式进行计算机模式搜索和概括。现代版本的人工神经网络中增加了额外的神经元层，然而真正重要的是大规模先例集合。如果在较小的数据库上使用相同的数学和模式搜索算法以及复杂的体系结构，人工智能在语言使用和模式识别方面仍然会磕磕绊绊。

我将这种新型人工智能有时称为深度学习，有时称为模式匹配或

7

基于先例的编程，后一个术语捕获了事情的本质，而没有采用拟人化表述。[11] 此外，符号人工智能和基于先例的编程有时可以结合起来。人们可能会认为，通过深度学习揭示语音中的模式是一种自动化的符号人工智能，因此这两种基本方法的区别并不像看起来那么明显。

上面提到的"wierd 拼写错误"一旦被指出，使用老式人工智能就能很容易修复：你只需添加一个额外的规则来处理任何包含"拼写错误"或诸如此类的词的短语。至于模式匹配，计算机越来越擅长使用来自互联网的材料，它们会在适当的时候选择那个特定的句子，或者"拼写错误"使用的用法。例如，一旦本书出版并被互联网捕获，计算机应该停止尝试纠正类似句子中的"weird"。但这不是重点，wierd 拼写问题只是那些不断被创造的问题的一个例子。这些例子打破规则、开创先例，人类总是在打破规则、开创先例，这一过程在物理世界中非常缓慢，与来之不易的科学发现密切相关，但是每天都在口语和文字的多变世界中发生。对于通过在互联网上寻找人类行为模式来工作的智能计算机程序而言，wierd 拼写错误是一个新的先例，只要我的文本没有被基于深度学习的间谍计算机秘密提取和分析，在本书出版之前就不会有任何匹配。然而，这里使用的 wierd 是一个新的先例。[12] 人类能够应对这一先例，因为他们"理解"所说内容实时的社会语境，从而他们能够识别合理的新先例；他们不仅将所说的内容与之前的实例相匹配，或者与现有规则相匹配，而且还以适当的方式扩展了规则的含义。换句话说，因为规则（和先例）并不包含适用于其自身的规则，所以总是有创造性的方法来应用它们。

需要注意的是，"创造性"意味着"开放性"，但并不意味着"不受约束"。我们仍然知道什么时候创造力会失败。这里有一个例子："I am going to misspell 'weird' in this sentence to prove a poynt"。该句子包含两个拼写错误，难以理解，需要更正："poynt"需要更正，因为拼写错误出现在句子中的错误位置；而"weird"，从表面上看拼写正确，但需要进行所谓的"uncorrection（反更正）"——它需要拼写错误以使句子有意义。此外，即使包含相同的字母，将"weird"拼写为"dreiw"也不好——拼写错误是典型的人类拼写错误，这是另一个正确拼写的限制。但是，综合考虑上下文语境，上面句子中"weird"不需要进行"uncorrecting（反更正）"，因为它在本书中已经被使用过（"uncorrection"和"uncorrecting"也不需要修改，但它们也都在我的屏幕上被标记了）。为了再次展示事物开放的一面，这里给出另一个我刚刚发明的几乎可以肯定未曾使用的例子："Having been out on the town I began to rite about how hard it is to spel wen under the influens"。[13] 在第十章中，我们将使用这类例子测试计算机智能，破除不合理的推测。

为了避免可能的混淆，需要说明的是，计算机似乎确实能够在一些方面表现出创造性，但这与它们能够理解人类富有成效的创造性区别较大，因为具有创造性并不意味着能识别创造性。语音识别就是一个简单的例子：从文本或打字输入生成的机械语音并不能解决语音识别和转录的问题。这类混淆是在第五章中称为"非对称性假体"和"对称性假体"混淆中的一个子类，其中"假体"指的是计算机在社会生活中取代人类的方式。这种混淆在哲学和社会科学以及许多有关计算机的评论中普遍存在。这是因为我们非常善于将计算机应用到我们的社会生活中，以至于我们都太容易想象它们是完全的参与者——像我们一样的社会生物。我们看一些由计算机制作的绘画或音乐，并宣称计算机与人类一样具有创造力，或者我们注意到计算机对我们的社会存在产生了巨大影响——它们当然会产生影响——并注意到它们是社会存在重要的组成部分，我们想象它们在社会存在中扮演着与影响我们社会生活的人相同的角色。当涉及对人类和计算机互动方式的一般性理解时，这一切都容易理解，但当它成为哲学家和社会科学家的研究主题时，就不太符合逻辑了，这对哲学家和社会科学家倒也是常事。计算机是否是社会生物，其检验的方法是看它们能否像我们修复它们的缺陷一样修复我们的缺陷，并且就像我们对其他人做的那样——目前它们还做不到这一点。[14]

◎ 人工虚拟智能

目前公众看到的人工智能世界是什么样的？这是一个"人工虚拟

智能"的世界，可以通过报纸、书籍和电影获得。一种常有的想象是，恶意计算机在其智能失控时将我们摧毁，或把我们当作奴隶或宠物，这种想法与人群中广泛蔓延的对奇点的恐惧完全一致。奇点和恶意计算机这两个概念，究竟哪个先出现，还很难说。这种想象是基于这样一种假设：智能计算机将会像人类独裁者或最坏的资本家那样邪恶和渴求权力，而不是像僧侣或隐士那样安静地、沉思地生存。这就是智能计算机的"布洛菲尔德模型（Blofeld Model）"。其背景是由伊恩·弗莱明（Ian Fleming）和库比·布罗科利（Cubby Brocolli）描绘出来的："我们将在詹姆斯·邦德系列电影《007：幽灵党》中创造出一个恩斯特·斯塔夫罗·布洛菲尔德（Ernst Stavro Blofeld）和他的同事们——一群聪明的精神病患者。"计算机将建立自己的"国家"，就像每一个有建立帝国野心的领导者和他们的狂热追随者一样，它们将想要主宰世界。但这一次，凭借超级智能，它们将取得成功——"硅谷帝国"将不再统治一千年，而是永远。

詹尼斯·乔普林（Janis Joplin）在她其中一首最著名的歌曲中，请求上帝给她买一辆梅赛德斯·奔驰，并指出她所有的朋友都已经开上保时捷了。不管这是不是有意讽刺，这就是当时西方的成功人士想要的。我认识的中产阶层人士总是用他们可观的财富来改造他们的浴室和厨房，尽管他们吃得不是很好，也显得不是很干净；独裁者们在豪华的宫殿里有很多厨房和浴室，甚至有更豪华的汽车和游艇。这种对浴室和其他东西的渴望可以用进化论来解释：这些浴室和游艇是一种夸张的展示形式，就像孔雀身上鲜艳的羽毛，旨在吸引配偶，从而产生更多的后代。而且，可以看到有钱的老男人吸引着年轻的妻子，说明这些东西似乎在某种程度上发挥了作用。

但是为什么计算机需要高速汽车、远洋游艇、厨房改造和带游泳池的宫殿呢？[15] 它们会像布洛菲尔德一样想要抚摸柔滑的白猫吗？想象一下，计算机就像新生婴儿一样被放置在地球上的人类居民中，如果这些婴儿都来到一些原始的亚马逊部落，假设他们幸存下来，他们不会想要重新装修的浴室和抚摸柔滑的白猫，他们想要更好的吹矢枪或其他的东西。问问自己，为什么布洛菲尔德想抚摸一只柔滑的白猫？这意味着什么？它是如何表征邪恶的？想想猫和抚摸背后的巨大文化内涵。计算机不会通过竞争来繁殖，那么它们为什么要展示财富来吸引配偶呢？

人工智能使用所谓的"进化算法"，但其内涵不应与人类的进化相混淆。[16] 人类进化之所以有效，是因为成功的条件是由大自然决定的——适者生存——这就是我们在本书后面所说的"自下而上"的过程，而文化的力量是"自上而下"的。在计算机进化中，成功的条件是由程序员设定的——"自上而下"。那么，为什么布洛菲尔德模型应该适用于计算机呢？

想象一下，某个偏远岛屿上的邪恶医生通过基因工程建造了一群超级聪明的婴儿。他们会说什么语言？这取决于他们的父母是谁。他们会相信上帝吗？这取决于他们的父母是谁。他们会成为伟大的科学家还是伟大的音乐家和艺术家？这取决于他们的父母是谁。也许他们想要做的就是整天吃喝，维持自己的生命。社会学家马克斯·韦伯（Max Weber）首先提出了资本主义是如何产生的问题，这取决于个人是否想要积累远超于自身所能消费的物质财富。我们认为他给出的回答具有宗教性质：新教的一种解释认为，巨额财富是上帝恩宠的标志，所以巨额财富值得拥有。对于孩子们，或相应的计算机，是否有正确的宗教让他们想要的东西超过他们的消费能力？或者说，孩子们和他们所代表的计算机是硅谷的产物，他们的知识是维基百科的内容，在科学发现的单调力量的推动下，这些知识不断地、不可避免地积累？在智能计算机的想象世界中，有时似乎没有多彩的文化，只有单一文化。

如果我们想了解我们与智能机器的关系，我们必须不断提醒自己，机器收集的知识来自哪里。我们必须时刻提醒自己，机器并没有准备好适应文化，有人在养育它们。

即使计算机不是恶意的或疯狂的，在一部接一部的电影中，智能计算机也被塑造为已经社会化的、讲英语的西方人——"人工智能的一个定义是，它研究如何让计算机按照电影中所描述的方式运行。"[17]这些电影中的计算机通常有奇怪的身体或缺失身体，但就它们的精神缺失而言，不是缺乏社会化，而是缺乏正确的情感。在电影《机械姬》（*Ex Machina*）中，美丽的"艾娃"说话非常流利，但其实是一个精神病患者。她不假思索地把自己的爱人关在监狱里，任其死去，而她则去探索人类社会。在《她》（*Her*）这部电影中，性感的"萨曼莎"是一个不那么令人满意的缺失身体的操作系统，由斯嘉丽·约翰逊（Scarlett Johansson）配音。约翰逊女士（记住是做配音的人）参与了这场一流的电话暧昧和情感亲密过程，以至于男主角爱上了萨曼莎，似乎萨曼莎也爱上了这个男主角，结果男主角发现萨曼莎同时爱上了641个人——这对没有感情的计算机来说很自然，但对人类来说就不一样了。在电影《2001太空漫游》（2001：*A Space Odyssey*）中，"哈尔"（具有人类逻辑思维方式的超级计算机）没有身体，但说话非常流利——甚至到了高超唇语者的程度——但他是另一个精神病患者，哈尔觉得自己对太空任务的责任超过了对宇航员生命的责任，他似乎是个权力狂。这些计算机，其中两台是无身体的，另一台的身体由可更换部件组成，仍然被塑造成人类——两个完美的女性（除了精神病患的部分外）和一个完美的男性（同样缺少情感部分）。但我们从未看到它们是如何获得这些社会化能力的。[18]

　　从积极的方面来看，这些虚构的人工智能的工作方式有一个非常重要的、具有启发性的特点，电影对于这一点的看法是正确的。在上面的案例中，正常身体的缺失丝毫没有削弱它们是类人生物的错觉。在前两个案例中，乍一看，她们是非常性感的尤物，具有成熟女性全部的复杂情感反馈和输入（这就是为什么每一个案例中的精神病患者结局都如此令人震惊）。在第三个案例中，哈尔是一个有点缺乏幽默感但在其他方面完全成熟的人，他是一个很好的谈话伙伴——同样，他准备杀死他以前的伙伴的想法更加令人不安。经由艺术的渲染，这些机器能够完全流畅地理解事物，而电影制作人有权利认为，如果计算机能够像人类一样说话，那么对于人类来说，它们就被当作人类对待了——这就是人类彼此之间的相处方式。我们倾向于认为，如果一个实体语言流利，它就具有了人性，除非有东西吸引了我们的注意力，让我们有了更复杂的思虑。只要计算机能像人类一样说话，我们就会忽略它们是没有身体的。

　　因此，尽管没有正常的身体，但艾娃、萨曼莎和哈尔给人的印象是与人类一样的，但就像小说中所有其他对智能计算机的描述一样，它们不是现实中的人工智能。就其语言的完美流畅度而言，它们是电影制作人的发明，他们认为智能计算机将获得的第一种能力就是能像人类一样说话：实际上，这是智能计算机能够获得的最后一种能力——语言流利将使它们变得聪明。这是人工智能的巅峰和终点。如果计算机可以像人类一样说话，那么其他一切，包括电话暧昧和与你的操作系统外出约会，都将是完全可信的。然而，不可信的就是它们能够像人类这样说话。我们就是不知道如何制造像人类一样说话的计算机，尽管 Siri（苹果语音助手）和 Cortana（微软小娜）以及其他类似的工具已经做得非常好了。

能够流利地用与语境相关的自然语言进行交流是人工智能的巅峰，认识到这一点至关重要。你的计算机或智能手机几乎是通过"云"连接到一些非常强大的计算机或程序上的，这些计算机或程序的设计目的是让它们具备对话能力和文本友好性。我们接触到的这些例子已经接近人工智能所能做到的极限了。稍后我们将讨论，要设计出高难度的计算机能力测试，我们需要人工智能创造者的合作。但在此之前，我们仍然可以在前沿领域做一些合理的探索。这是因为我们大多数人在自然语言使用方面都有很好的专业知识。所以，只要我们明白什么是一剂好的"祛魅药"，我们就可以不断探索人工智能的前沿，帮助我们自己避免受到魔咒的影响。更多如何做到这一点的想法将在稍后提出。除了使用拼写检查器外，你也可以随时测试 Siri 或其他工具，这些都无法通过第十章中描述的测试。在第十章，我还会提出，这种情形不会改变。

需要强调的是，像艾娃、萨曼莎和哈尔那样的流利的语言表达能力目前还不可信，尽管我们已经取得了一些明显的成功，但我们还没有能力将计算机嵌入一个使用语言的社会。这就是为什么我们没有理由认为智能计算机会渴望巨大的财富和权力，除非我们把这种倾向植入它们。正如现代设备所显示的那样，聪明的程序设计可以使计算机在模拟语言理解和响应方面做很多事情，而且它们会变得更好。然而，这仍然不是真实的。但是，我们需要证明这不是真实的，证明真实性很重要，而且将变得越来越困难，妥协的危险也将越来越近。

注释

[1] 图灵测试将在第三章详细讨论。对于那些不熟悉它的人来说，图灵测试可以简单地描述为一位询问员通过键盘向隐藏的计算机和隐藏的人询问问题，如果询问员根据回答，分不清哪个是计算机，哪个是人，则称计算机是智能的。

[2] 这个想法是在 20 世纪 60 年代出现的，但在 20 世纪 90 年代由数学家弗农·文奇（Vernon Vinge）提出。他认为灾难将发生在 2005—2030 年。当代最直率的预言家之一库兹韦尔将这一预言的时间定在 2045 年。顺便说一句，计算机即使没有超级智能，也有很多方式可以摧毁我们。如今，它们的控制如此之强，以至于我们可以想象程序中的漏洞——而漏洞永远不可能被完全消除——会导致世界上所有的核武器被发射，或者诸如此类的事情，或者我们可以想象恶意的人类黑客制造出同样的东西。或者，当机器学会复制后，它们会以指数级的速度进行复制，耗尽世界上所有的资源来复制自己。这些可能性以及其他的可能性比奇点更令人担忧、更直接。

[3] 由于计算机打印出文档时未保留标记，因此我必须添加下划线。在书中，我们看到一个双下划线代替了我手稿中出现的原始红色锯齿状下划线。

[4] 赫克托·莱维斯克（私人通信内容，2017 年 5 月 22 日）指出，在正确的英语中，"wierd" 会被加上引号，如此处所示。但是编辑和亲爱的读者可以在没有引号的情况下理解它，所以它仍然是对模仿人类能力的计算机的一个很好的测试。莱维斯克和我的不同之处在于，他希望将图灵测试的输入形式化，以便问题可以提前到位，而我认为对话必须实时创建（参见第十章）。

[5] Ⅳ 级人工智能的讨论除外（见第五章）。

[6] 另请参见布莱克韦尔（2015）："看起来（机器学习）系统正在与它们的社会环境进行交互，例如通过使用从社会网络收集的大数据……"（重点应该放在"看起来"上）。

[7]　例如，见《为什么民主国家需要科学》(*Why Democracies Need Science*) 第 15 页表 1.1；如果有多次出现，这个错误可能会被纠正。该新词最早见于柯林斯和库施（1998）。《为什么民主国家需要科学》是柯林斯和埃文斯（2017）的著作。

[8]　"如果因为人变得太像计算机而无法区分人和计算机该怎么办？"（布莱克韦尔，2015）。

[9]　另请参阅奥尼尔（O'Neil，2017），了解当代计算机对人类的攻击。请参阅本·施耐德曼（Ben Schneiderman）的图灵讲座："算法责任"（https：//www. youtube. com/watchv＝UWuDgY8aHmU）。莱维斯克（2017）也注意到了这个问题："我最担心的是，计算机系统的智能程度不高，但仍被认为足够智能，可以控制机器并自行做出决定。"我在这里试图对这个问题做出关于语言理解和语境的特别说明，至少有些人已经很好地理解了这个问题。

[10]　有些经典书籍对"炒作"持怀疑态度，这种"炒作"往往伴随着智能计算机的适度成功。

[11]　莱维斯克（2017）称之为自适应机器学习（AML）。

[12]　用我的书《改变秩序：科学实践中的复制和归纳》(*Changing Order：Replication and Induction in Scientific Practice*) （1985）的话说，它正在"改变人类生活的秩序"，就像引力波的发现改变了人类生活的秩序一样——参见《引力之吻》(*Gravity's Kiss*) （柯林斯，2017）。

[13]　有趣的是，我的电脑将 "rite" 标记为语法错误，而不是拼写错误，因为在宗教语境下，"rite" 的拼写是正确的，而在这里的语境中它是错误的。

[14]　关于"扩展心智"理论背景下不对称点的讨论，见柯林斯、克拉克和施拉格（2008）。对于社会科学家来说，"行动者网络理论（actor network theory）"在这里引起了深刻的困惑。

[15]　莱维斯克（2017）也注意到这种人类模式并非不可避免。

[16]　"现在我们让每个幸存者自我繁殖，直到他们达到目标数量。这是通过模拟有性繁殖来实现的：换句话说，我们创造了新的后代，每个新生物从父母一方提取一部分遗传密码，从另一方

提取另一部分遗传密码。通常在雄性和雌性生物之间没有区别；它足以从任意两个双亲产生一个后代……这也许不像自然世界中的有性生殖那么有趣，但相关的一点是双亲。"（库兹韦尔，2012）。

[17]　莱韦斯克（2017）。

[18]　除了《机械姬》中的艾娃，据说艾娃是通过窃听全世界的移动电话学会说话的；我们稍后再讨论这个可能性！

第二章

专业知识和写作：对人工智能的思考

人工智能的问题在于，每个人都认为自己对它有一些合理的看法。一方面，有人说机器永远不会有创造力，或者永远缺乏情感、意识或灵魂；另一方面，有些人坚持认为计算机一定能够做我们能做的所有事情，因为我们自己就是机器。你可以在酒吧或咖啡馆听到这些言论。在另一端，报纸上也登载霍金和其他人发表的关于奇点的文章。数学家和物理学家需要什么样的专业知识才能做出这样的论断呢？就像一个在人工智能前沿领域工作的人对我说："我希望霍金不要发表关于人工智能的文章，人工智能领域的人也不要写有关黑洞的文章。"那么像我这样的人呢？在这一章中，除其他内容外，我将试图证明本书的观点。我也并没有制造智能机器的经验，那我有什么资格谈论人工智能呢？

◎ **"不能"的意义**

本书开篇就提出了两个主要的否定观点。如果那些毕生致力于编写程序和让机器更好地工作的人，以令门外汉怀疑论者感到困惑的方式，一再反对他们说自己的雄心壮志是错误的，这是可以理解的。但是，尽管人工智能领域最近取得了成功，但其历史表明，相当多门外汉所提出的怀疑被证明是合理的，尽管他们当时遭到了嘲笑。科学上的分歧是有益的。科学的进步依赖于社会学家罗伯特·默顿（Robert Merton）所说的"有组织的怀疑主义"，而最好的科学往往是战胜了所谓的不可能的结果：如果这一切要发生，必须有人说哪些是不可能的。

也就是说，我们知道那些反科技的预言（如"人类的飞行速度不能超过每小时 30 英里""人类永远无法实现重于空气的飞行""人类永远不会离开地球的大气层或引力场"）常常被技术突破弄迷惑。有时，批评家会遇到亚瑟·C·克拉克（Arthur C. Clarke）提出的所谓"第一定律"：

> 当一位杰出且年长的科学家说某事是可能的，那他几乎肯定是对的。而当他说某事不可能时，他很可能是错的。

但是，非常喜欢克拉克第一定律的物理科学家们，并不会因他们陈述自己的不可能原则而被人们认为很愚蠢。必须承认，在说什么能做、什么不能做的时候，存在着一种潜意识的势利感：据我所知，当有人说人不可能跑得比光速还快或者不可能造出永动机时，没有人引用克拉克第一定律。

在第一章，我提到我的否定观点与关于死亡和染色体的观点相似。表 2.1 列出了更多类型的"不可能"观点，其不可能性由上至下依次递减。这个表格还有意包含了一些被证明是错误的观点。[1]

表 2.1　一些"不可能"观点的类型和实例

"不可能"类型	实例
逻辑上不可能的科学原则	鱼与熊掌不可兼得； 我们不可能跑得超过光速； 根据热力学第二定律，永动机是不可能的； 量子理论是有缺陷的，因为爱因斯坦-波多尔斯基-罗森（EPR）悖论表明，它会导致非局域纠缠； 超自然力量是不可能的

"不可能"类型	实例
逻辑原则上的不可能	我们不能列举和储存所有可能的棋局
逻辑实践上的不可能	我们不能在英国和澳大利亚之间建一条隧道
技术上的不可能	我们不能和一英里外的人交谈； 我们不能制造能量密度相当于一罐碳氢燃料的可充电汽车电池
技术能力上的不可能	我们无法翻译罗塞塔石碑； 我们无法制造室温超导体

第一个观点通常是没有争议的，除非进行一些深奥的哲学处理。尽管有克拉克第一定律的存在，但物理学家们还是很喜欢第二行例子中所体现的那种科学原理。EPR 悖论强化了爱因斯坦著名的"上帝不掷骰子"的观点，结果证明这并非错误，这使得由此产生的非定域性发现更加惊人。当然，那些可怜的年长的超心理学家总是受到外界的批评，尤其是物理学家，他们甚至会去称赞舞台魔术师，如果这些人能证明超心理学是错误的。"逻辑原则上的不可能"似乎是可以接受的，所以你可以想象出很多违反逻辑实践的事情。"技术上的不可能"或"技术能力上的不可能"的观点更具争议性，我选择的其中两个被证明是错误的：电话（或信号）打破了无法远距离对话的观点；罗塞塔石碑被翻译出来了。目前还不完全清楚电池和超导体将会发生什么，但如果有人认为这些技术成就是不可能的，那么对克拉克第一定律的应用表示不屑一顾是非常不合适的。

那么，我的两个否定观点呢？在我看来，第一个观点——没有哪台计算机能够流利地使用自然语言，通过严格的图灵测试，并拥有完全类似人类的智能，除非它完全融入正常的人类社会——只是一个科学原理，就如表 2.1 第二行的观点。然而，在这种情况下，由于这是一个技术问题，而且来自社会科学家，可能会让一些人感到不舒服，并更倾向于引用克拉克第一定律。顺便说一句，我认为大多数深度学习的倡导者（杰弗里·辛顿除外，见第六章）都接受我的第一个观点。

第二个观点就没那么可靠了："没有哪台计算机能基于现有技术渐

进式发展而完全融入人类社会"。尽管如此，它属于表 2.1 最后两行中提到的那种观点，并将在后面的章节中得到支持。我可能是错的，但像这样的否定观点只会使未来更令人兴奋。接下来，让我们来介绍柯林斯第一定律：

> 认为不可能的观点不应该被提出，因为它们过去被证明是错误的，是用学术权威取代了思考和分析。

另外，需要澄清的是，我的两个观点都不是"预言"。预言必须与未来有关，但我的观点，以及表 2.1 中大多数"不可能"观点，都不是预言，因为它们涉及的是可预见的未来。一个"不可能"观点是，根据当前已有知识，人们是否可以通过渐进式变化达到某个目标。我会说我们不能，而深度学习爱好者会说我们可以。但我的第一个观点可能会被一些与人类知识如何运作有关的新的、不可预见的原则所混淆。我的第二个观点可能是完全错误的，那将非常有趣。我无法预见，否则我不会写这本书。[2] 人们在提出一个"不可能"观点时需要全面考虑其状态。

◎ 专业知识和专家

目前，人工智能的支持者和批评者之间存在着一场竞争。前者得到了进化论等哲学家的支持，他们认为人类与机器无异。这可能是一件好事，但要实现人工智能的生产潜力，就必须以某种方式实现创造和批评的相互作用。很多时候，这方面做得并不好。当各方主要针对更广泛的受众而不是科学界反对派时，辩论是徒劳的。一场富有成效的科学辩论必须主要着眼于内部，与科学界的对手进行接触，而不是通过面向外部公众来回避艰难的辩论；说服科学界的对手几乎是不可能的，但是试图说服他们是激化争论并增进双方理解的方法。管理这样一场富有成效的辩论可能很难。例如，物理学研究一般规模如此之大，如此之昂贵，如此之深奥，以至于物理学家们在他们自己的专家小组之外找不到任何人来提出严肃的反对意见。所以物理学家们在他们自己内部建立了对立的派系。在引力波物理学这个我研究了 45 年并将在本书中多次提到的领域中，总是内部人士对他们自己提出最严厉的批评，50 年来，他们将一个又一个声称的发现搁置一边，直到他们认为他们已经准备同意已经发现了真正的东西。人工智能领域的社会关系也应该如此，人工智能的创造者也需要站在批评人工智能的最前沿，因为只有他们有这方面的知识和理解能力，去进行尽可能无情的批评。如果要找到真正的一般性智慧，就必须以同样的方式揭示出每一个冒名顶替者的缺陷，而这将是人工智能产品的支持者和生产者必须做的大部分工作。让人们接受一般性智慧已经产生，就像让人们接受引力波已经被发现一样：这不是一场比赛，看谁能发明一个能说服人们的把戏，而是对每一个可以想象的怀疑进行痛苦的甚至自虐的探索。

◎ 人工智能信念

批评人工智能与担心人工智能危险的自我肯定做法不同。对奇点的广泛关注，超常认真地对待计算机，实际上是在指出其危险过程中肯定了人工智能产品的力量。从内部看产品的弱点要困难得多，对发烧友来说也少了很多乐趣。[3] 然而，我们所理解的人工智能的现状是其影响不可或缺的一部分！在人工智能领域，由于言论和舆论的力量，要想减少影响，就必须在宣传产品失败的同时，用市场驱动的需求宣传产品的成功，用自我或意识形态驱动的冲动来战胜怀疑者。

面对所谓的"人工智能信念"，保持清醒的头脑尤其困难。人工智能信念具有准宗教（或反宗教）的意识形态元素，它将人类视为机器，而不仅仅是机器所模仿的东西。它的起源与人工智能研究无关，尽管像马文·明斯基（Marvin Minsky）这样的业内人士用他早期提出的"机器肉体"口号，并没有起到什么作用。当一个又一个创新承诺要解决人类智能问题时，人工智能领域经历了一波又一波"炒作"：我在 1990 年出版的书中回应了那些人工智能领域专家系统革命带来的夸大其词的说法。但是人工智能领域现在已经经历了许多令人沮丧的失败，专家系统就是其中之一。许多人工智能科学家担心，在最近的深度学习泡沫之后，又将迎来另一个"人工智能寒冬"。绝大多数人工智能科学家都希望继续制造性能更好的设备，并使其帮助人类更好地生活，而不是接管世界或证明人类只是机器。事实上，最坚定的人工智能信念似乎更多地来自哲学家、进化生物学家或其他局外人，他们遭受着与技术前沿的距离所编织的魔法之网的困扰，确信人类不可能比"盲人钟表匠"设计的有机机器更强。在这种意识形态中，人类本质上是个人主义和竞争性的，进化论符合自由市场资本主义理论；我们这些机器是在进化竞争中诞生的，我们很自然地继续遵循市场的竞争规则。[4] 争论变得政治化，并且有意或无意地与个人主义政治保持一致。我们必须在这种信念、政治、个人主义政治和技术的混合体中谨慎前行。我对人工智能信念的描述可能很粗略，这在一定程度上是人工智能在媒体上的高调宣传和爱好者们所写的比较受欢迎的书籍的产物。但是，让我们再一次关注"语言的使用和教育的普遍观念"，人工智能的公众形象必须成为争论的重要内容。

当人工智能还是一个孤立的学科时，人们并没有太多自我批评的方式，因为他们要团结起来，以抵御充满敌意的外部世界。但如今，人工智能的支持者得到资本主义领导者的支持。市场让那些与谷歌、微软、Facebook、IBM 等合作的人变得富可敌国，因为这些人可以提供市场所需的东西。这意味着，与其他领域的科学家不同，这些人工智能支持者的花钱方式不需要对纳税人负责。一夜之间，这些狂热的支持者拥有了追求梦想所需的所有资源。这使得对组织得当和运行良好的怀疑组织的需求更加紧迫。而在这方面，资本主义领导者唯一的过错就是疏忽大意，不采取任何措施——计算机采用类似于游乐场的方式，试图通过相互对立方式重现人类的对话能力。年复一年，一些善于炒作的商人，在几乎没有认真尝试制定适当的实验方案，也没有考虑如何开展适当的测试的情况下，就荒谬地宣布目标已经达成。正如我将在第十章中叙述的，2016 年在纽约举行的第一次正式的图灵测试类型竞赛，采用了合理的测试方式，才使这种情形得到改善（但该领域内一些强大的团队没有参与）。[5]

◎ 人工智能专业知识

我擅长的学术研究领域包括了对专业知识的研究这一方面。[6] 或许我的一点有关专业知识的研究可以应用于分析人工智能争论中局内人和局外人之间的关系。不同类型的知识创造活动都有不同的"合理解释来源地（LLI）"。LLI 是社会预期的合理批评的来源。例如，在泛艺术领域——食品和葡萄酒的评论也是如此——LLI 是广泛分布的，如来自报纸评论家和公众。而在某一具体艺术领域，如美术方面，人们可以说："虽然我对美术了解不多，但我知道我喜欢什么。"虽然这个表达有时被当作一个笑话，但它也包含了部分事实。对于某一具体的食物或葡萄酒，也是如此。然而，在科学上尝试一下相同的说法："我可能不太了解黑洞，但我知道我喜欢什么。"这种说法永远是一个笑话。就科学而言，合理的批评仅能来自其他技术专家，LLI 比较狭隘。例如，当公众开始认为他们在疫苗是否危险方面拥有宝贵的专业知识时，疫苗接种就出现了一些病态现象，如反疫苗运动。[7] 在我写这本书的时候（2017 年 7 月 /8 月），在英国，由于公众抗议，不接受医疗建议，一个名叫查理·加德（Charlie Gard）的婴儿只存活了数周。正如其中一名医护人员所说：

> 那个小孩……是因为唐纳德·特朗普、教皇和鲍里斯·约翰逊（一位寻求公众关注的英国政客）等人而被维持着生命，他们"突然之间，对线粒体疾病的了解比我们的专家顾问还多"。（《卫报》，2017 年 8 月 5 日）

建筑行业有另一种 LLI，因为建筑设计中有一部分涉及工程领域，只有少数专家能够提供一个设计是否站得住脚的意见，还有一部分涉及艺术领域，因为建筑师会试图设计漂亮的建筑，公众当然对这些建筑是否漂亮和是否实用有发言权。因此，建筑行业的 LLI 存在一种紧张状态，说明 LLI 是如何跨越学科和选区的。[8]

人工智能领域则展示了另一种模式。尽管每个人都认为自己有权

23

对此发表评论，但他们实际上没有。无论人们在酒吧或咖啡馆里说什么，合理解释来源地都不会是公众，也不会是任何聪明的数学家或物理学家。话虽如此，人工智能领域的合理专业知识，尤其是在信念方面，确实跨越了不同的专家群体，其中一些专家彼此交流不多。这是因为有些人在创造智能机器方面几乎没有技术能力，但他们在人工智能的目标是否能够实现的问题上却拥有相关的专业知识。原因是人工智能从事的是试图替代、模仿或复制人类活动，而其他活动不是那些替代、模仿或复制人的特殊能力的领域。就人工智能而言，任何了解身体、社会和知识之间关系的人都可以对其有所贡献，因为他们知道什么东西必须被替代、被模仿或被复制；再多的与计算机相关的技术技能也无法消除对人类知识如何运作的专业知识的需求。

　　须强调的是，适用于人工智能的专业知识非常广泛。在计算机科学家成为无可争议的人性专家、成功创造成熟的人类思维之前，这种现象不会改变。一些人工智能领域专家试图制作一些复制或模仿其他东西的东西时，就意味着其他领域的专家也有话语权。

　　表2.2列出了人工智能问题的一些实际的或者可能的贡献者，这个表将在整本书中被引用。八个方框显示了那些属于人工智能合理解释来源地的群体。

表 2.2　与人工智能信念问题相关的特殊专业知识范围

专家		旨在模仿或复制	专家	
机器			人类	
设计师和程序员	硅业者		哲学家	社会学家
网络探索者	软件测试人员		心理学家	神经科学家

　　左侧的专家群体包括程序设计师和程序员，例如，他们进行老式符号处理与神经网络和基于先例的过程之间的竞争设计。所谓"硅业者"，是指那些像库兹韦尔这样的人，他是谷歌的工程总监，出版过一

本充满热情和前瞻性的人工智能书籍，擅长理解计算机硬件容量和速度的指数增长。还有网络探索者，他们设计程序来利用互联网和其他分布式资源上的大量可用资源，其中谷歌是先驱。还有一些软件测试人员，他们中至少有一些人了解我们的需求和先驱产品之间的冲突。右侧的专家群体包括心理学家，他们了解人类知识，研究情绪和意识。哲学家们也对意识和人类认知的其他方面有一些看法，比如意识和身体的关系。还有研究人类大脑如何工作的神经科学家。此外，还有社会学家，他们了解知识在社会中是如何发展的，不同的社会或亚社会与不同的文化是如何相互作用的，以及如何学习这些文化的内容。[9]

人工智能的意识形态不会整齐地定位在左侧或右侧。右侧的一些哲学家和心理学家是人工智能信念的拥护者，他们对心理学和大脑的一些理解被用来向左侧的人提供研究途径建议。但是，左侧的一些非常有野心的人和右侧的一些人之间存在竞争和争论。本书是该争论的一部分，但我希望能提供建设性的内容。

有时，一些人工智能支持者对已经取得的成就进行过分夸大，阻碍了左右两侧关系的缓和。人们很容易对右侧专家不时地被证明是错误的这一事实进行过多解读：由于右侧的专家做出过一些错误的论断，而左侧的专家成功地证明了这些论断的错误，所以左侧的专家所提出的雄心勃勃的论断必然会被接受。但这很难成为这些错误所导致的真正后果。人工智能在国际象棋比赛中的成功是一个标志性的例子，这将在本书后面讨论。但是，正如前面所提到的，如果要避免妥协，左侧的专家将更需要跨越学科界限，帮助支持右侧专家及他们的论点，而不是去攻击他们。[10]

因为我认为我是专业知识领域的专家，所以当我研究任何不属于我的专业领域时，我总是要非常仔细地审视自己的专业知识。由于我已经研究引力波物理学 45 年了，和其他人一样，我知道通过一个案例可以理解一个不属于我自己专业领域的技术。作为引力波物理学家，我曾两次通过模仿游戏（见第四章）。在我的有关引力波物理学的书中，有许多对物理学技术细节的简单描述，这些描述经过了物理学家的仔细检查。相比之下，如表 2.2 所示，我并不太了解人工智能的技术，我永远无法成为模仿游戏中的人工智能专家。这就是悖论：我几乎从不对引力波探测的物理学提出意见，而是把问题留给物理学家，但在本书中，我在向人工智能专家阐述人工智能的局限性！[11] 这的确很奇怪。当然，本书的重点是人类知识的本质，而不是人工智能编程的细节。因此，当我对深度学习有了足够的了解，就可以说，目前的人工智能方法无法实现深度学习的前景，也无法达到深度学习与社会互动的深度，因为现有方法是从互联网获取资源，而这是无法实现上述目标的。[12]

◎ 未来和基本原则

最后需要说明的是，本书重点讨论原则问题，而不是当今的具体技术细节；争论着眼于未来的某个时间点，那时计算机在能力上的局限性和人类编程技能的限制都比现在更小。讨论的出发点是，如果我们可以预见的一切技术都可以实现，情形会是怎样的。例如，我会在不同的时刻想象一个世界，在这个世界中，计算机不仅能够存储和转录通过互联网以书面形式传输的所有内容，而且能够在电话"听得见"的范围内，或者在摄像机的视野内在唇读技术的帮助下，存储和转录一个人与另一个人的所有通话内容，当然还能存储和转录广播和电视上播放的所有内容。换言之，我们可以想象，从遥远的过去一直到现在，几乎所有的人类对话都将被机器用来进行模式识别，或用来显示人与人之间的说话内容。采用这种方式可以使本书的观点更加可信，因为我们会假设某些当前的技术问题已经解决，即使目前我们并没有像一些狂热的支持者那样超前。这里提出的基本原则是为了从内部审视问题，说明人工智能不能胜任的方面，而不是它能实现什么。或者，提出这些原则是为了表明，在评估最吸引人的、最乐观的观点是否合理时，我们已经尽可能地保持了警惕。

注释

[1] 表 2.1 改编自柯林斯（2010）的研究。巴罗（Barrow，1999）也试图研究"不可能"的意义。

[2] 令人惊讶的是，在这一点上，我似乎与深度学习技术的先驱杰弗里·辛顿站在同一阵线。正如我们在本书后面会再次提到的，他最近说人工智能需要重新开始（参见链接：https：//www.axios.com/ai-pioneer-advocates-startingover2485537027.html）。

[3] 有关物理学家关于人工智能的力量和危险的猜测，请参阅泰格马克（Tegmark，2017）的研究。泰格马克是"奇点信"的签署人之一。

[4] 当然，人们可以相信，人类本质上是机器，但不必依附于自由市场资本主义。诚然，我在这里提出的建议，更多的是基于我所看到的渗入学术话语的东西（随着主流经济学学术威望的衰落，这种现象已经不那么常见了），并意在指出从人类行为的共同本性出发进行论证是多么困难，虽然这里的共同本性得到了不同领域的思想家的认可。

[5] 见 http：//commonsensereasoning.org/winograd.html。

[6] 从柯林斯和埃文斯（2007）开始。

[7] 参见柯林斯（2014）。

[8] 参见柯林斯和埃文斯（2007）对不同文化企业中 LLI 的讨论。关于建筑的案例，见柯林斯等人（2016）的研究。

[9] 人们可以通过阅读非技术专家写的书来习得这种"从右到左"的专业知识，这些书对人工智能领域产生了影响。这些书包括特里·威诺格拉德（Terry Winograd）和费尔南多·弗洛里斯（Fernando Flores）1986 年出版的《理解计算机和认知》（*Understanding Computers and Cognition*），休伯特·德雷福斯（Hubert Dreyfus，1972）的《计算机不能做什么》（*What Computers Can't Do*），以及萨奇曼（Suchman，1987）的《计划和定位行动》（*Plans and Situated Actions*）。我也以自己为例，因为坦率地说，我需要从左侧获得我所能得到的所有认可，因为

我的"左侧"专业知识仅包括一些自学的使用简单的计算机语言的初级编程，以及用人工智能语言PROLOG编写的一个"玩具"程序，正如我在1990年的书中所提到的那样。尽管如此，1985年，我的第一篇关于人工智能主题的论文在华威大学举行的英国计算机学会会议"Expert Systems 85"上获得了技术奖。后来，我写了一本关于人工智能的书（1990），这本书在玛格丽特·博登（Margaret Boden）的《人工智能史》（*History of AI*）（2008）中被提及，并与库施（Kusch）合著了第二本书（1998）。据谷歌学术网报道，截至2016年7月，这些书总共被引用了800多次。它们至少也是一些软件测试人员的最爱——实际上是必须处理人机交互的专业人士（http://www.developsense.com/blog/2014/03/harry-collins-motive for-distinctions/）。虽然我给出的例子是直接关于人工智能的非技术专家的作品，但许多其他非技术专家也产生了影响。欧内斯特·戴维斯告诉我，他认为在这个领域产生巨大影响的非人工智能专家有大卫·马尔（David Marr）、索尔·克里普克（Saul Kripke）、约翰·纳什（John Nash）、诺姆·乔姆斯基（Noam Chomsky）、查尔斯·菲尔莫尔（Charles Fillmore）、乔治·齐普夫（George Zipf）和迈克尔·布拉特曼（Michael Bratman）。

[10]　以库兹韦尔作为左侧专家为例，他没有引用任何我认为是过去人工智能的重要批评者的例子，比如德雷福斯。这让人了解到表2.2中双方的一些成员是如何居住在单独的"孤岛"中的。自认为是人工智能专家的数学家和物理学家往往对这些争论一无所知。

[11]　我偶尔会以物理学的方式告诉物理学家该做什么，但只是作为一种稍微"开玩笑"的社会学实验，看看会发生什么。

[12]　我写于20世纪90年代的关于人工智能的书，主要是关于符号人工智能和专家系统。一些左侧的评论家也选择在他们的评论作品中专注于深度学习，包括布莱克韦尔（2015）和莱韦斯克（2017）。这有助于确认我的决定，即不对人工智能方法进行更广泛的调查。

第三章
语言和"修复"

在第一章中，我对人工虚拟智能电影的介绍存在不足之处。当面对不太完美的对话时，人类不会要求苛刻，而是愿意倾听，因此，即使不太流利的计算机也能像优秀的人类一样擅长对话。正常人类对话充满了停顿、口齿不清和其他各种各样的不完美，如果我们没有不断地"修复"这些容易疏忽的错误，就不会有流畅的对话。因此，在正常情况下，我们认为即使是不连贯的对话也意味着流畅和符合人性。我们说艾娃、萨曼莎和哈尔说得非常流利，但我们还没有看到它们的流利程度达到极限。这就是随着 Siri 和其他工具功能的不断增强，我们所面临的危险，这也是我们需要变得越来越警惕的原因；不那么流利的对话很容易被认为是完全的人性化。因此，随着计算机对话变得越来越流利，我们倾向于通过语言流利程度来判断其人性化程度，这是一个可怕的危险。我将用我自己和合著者库施引用过的一段话来支持这一点，这段话摘自一位计算机科学家撰写的论文，所以我们可以看到，人们已经开始认识到这个问题。

柯林斯和库施（1999）将这种人类与机器互动的基本属性描述为修复（repair）、归因（attribution）和其他类似的词语（all that）（缩写为 RAT）——人类不断地"修复"计算机的不足，然后将结果归因于机器的智能，而忽略了修复过程中人类提供的实际智能。[1]

◎ 人类如何处理拼写错误之类的问题

再次强调，通常人类语言是有错误和瑕疵的：我们口齿不清，我们使用不完整的单词和短语，还有背景噪声和交叉对话。自动语音转录器的用户（和开发人员）可以清楚地看到这种情况，背景噪声、口音或语调的变化会导致转录器出现一系列错误。这是因为这样的语音转录器，至少在早期的产品中，是通过识别声音而不是语音的模式来工作的，并且声音模式会被交叉噪声混淆。这进一步证实了一个说法，即在日常语言中，我们总是在"修复"我们所听到的东西，并试图对听到的东西做出合理的解释。如果我们只使用声音，我们在语音识别方面就会像第一代自动语音转录器一样糟糕。

我们也可以在页面上使用瑕疵文本进行同样的测试，以说明我们有着修复瑕疵对话的能力。

> at aoccdrnig be olny rsceareh a it mtaetr in oerdr the waht dseno't to ltteres a are, the iproamtnt pclae Uinervti-sy, taht tihng lsat is the and wrod Cmabrigde ltteer in the in rghit frsit.

你可能不太能看懂这段文字。但是，如果你的英语很好，你将能够毫不费力地读懂下面这些由相同的"单词"组成的句子，因为你会想办法理解它。

> aoccdrnig to a rsceareh at Cmabrigde Uinervtisy，it dseno't mtaetr in waht oerdr the ltteres in a wrod are，the olny iproamtnt tihng is taht the frsit and lsat ltteer be in the rghit pclae.

人类处理语言的方式是先造义，然后再修义。[2] 顺便提一下，对我们大多数人来说，如果要理解这些词，不仅需要保留每个词的首字母和最后一个字母，而且必须首先完成语义理解。

事实上，这个意义修复紧随意义构建的原则，不仅适用于语言，还适用于我们的生活。事实上，我们赋予事物各种感觉，即使事物并不存在这些感觉。这在拟人论中表现得最为明显，即将类人的感觉和情感强加给动物，甚至无生命的物体。例如，一些车主对他们的汽车有依恋的情感。同样的原则也使得各种各样的信任骗局得以发生。自信的骗子所依赖的不是他们能假装成其他人的能力，而是被骗者往往倾向于忽略错误，并依据专门呈现给他们的内容进行意义建构，这一特质如同十字线中的特定"标记"。我们的一个研究发现，即使是庸医，也能在医院环境中取得成功，这是因为护理人员会纠正他的错误。这为那些刚从医学院毕业或接受过不同制度培训的医生提供了在工作中学习并逐渐精进的时间。[3] 因此，人类生活充满了对破碎言语或错误行为的不断修复，以及对根本不存在的感觉的归因。毫不奇怪，我们倾向于将感觉和能力归因于机器，包括会说话的机器，而这些机器根本没有这些能力。这就是为什么20世纪60年代基于伊莉莎（Eliza）程序的实验导致了一些患者认为这台通过键盘来进行咨询问答的机器是一个成功的治疗师，尽管它只是一个工具，一种替代精神分析学家的机械。[4]

现在让我们来说明，像我这样来自右侧的专家（见表2.2），很容易对左侧可能发生的事情感到惊讶。让我们回到对"Cmabrigde Uinervtisy"瑕疵文本的讨论，并考虑上面第一个词序混乱的版本。我们大多数人都很难修复它，因为它无法被理解。然而，使用现有语料库中已有的模式进行简单的分析就可以轻而易举地修复它。我在谷歌搜索中找到的第一个字谜查找程序（http：//www.litscape.com/word_

tools/contains _ only. php）能够毫无歧义地重写所有拼错的词语，包括 "dseno't" 和 "Cmabrigde"，其中一个包含撇号，一个是专有名称（这很容易纠正）。当然，程序不在乎这些词是出现在上面第一个版本（一个读不通的段落）中，还是出现在第二个版本（一个能够读通的段落）中。几乎每一个拼写混乱的单词都只产生一个变位词——正确的那个，剩下的一两个有歧义的单词是通过参考原始单词的第一个字母来解决的，我们甚至不需要使用最后一个字母保持不变这一条件。因此，现有英语单词的数量足以让计算机在没有任何感觉和无需理解任何内容的情况下修改拼写混乱的单词。然而，我们人类确实需要理解这段文字才能进行修复，因为这两个版本的段落可理解性不同。对"修复"的理解属于表 2.2 右侧的专业知识，它与左侧专业知识的互动方式可通过对上述例子的不同解决方案予以说明。这个小实验既是一个惊喜，也是一个警告：它是一个警告，是因为它表明"蛮力"算法——"一种小把戏"——可以非常容易地解决我们认为需要深刻理解的问题，这可能会给我们一种错觉，认为能解决问题的计算机具有深刻理解的能力。当然，深度学习方法比解决乱码的能力要强大得多。

◎ 语言的中心性

艾伦·图灵将语言置于人工智能的中心，语言本来就应该是人工智能的中心。语言使人类变得特别——它使人类能够交流想法，使人类个体的互动结果远超过个人成果的机械加总，并使他们想要将财富花在购买豪华汽车、改造浴室和接管世界等方面，或者使他们更喜欢贫穷和沉思，它也使得电话暧昧成为可能。换句话说，语言是文化的媒介，而文化使我们不再仅仅是一种被精心设计的具有潜力的或复杂的动物。[5]

要理解人工智能是什么以及它的发展方向，首先必须理解计算机和语言之间的关系。我们必须看到，从不能处理类似 "I am going to misspell wierd to prove a point" 这样的问题的计算机，到能够处理类似问题的计算机，这是一个巨大的转变，而不仅仅是改进拼写检查的问题。再次重复前面的观点，一旦计算机可以发现错误并内置了"修复"程序，它就能很容易地修复这个错误了。核心问题是如何在不断变化的社会语言中纠正所有这些错误，因为语言的使用和书写需要融入使用语言的社会之中。虽然计算机已经能够模仿其中的一些能力，但它们仍然远远不够。

基于先例的方法的出现以及计算机容量和能力的提升带来了一个惊喜——语言处理能力有了巨大进步。最新语音互动设备的功能远远超出了我在 10 年或者 20 年前所能预见的。在撰写本书时（2016 年 11 月），有人声称已经取得了另一项进展。据说现在的计算机在转录语音方面的能力与人类转录员一样好。如果这是真的（我对此表示怀疑），这将是一件了不起的事情，因为我在工作中不得不做大量艰苦的转录工作。例如，我必须在嘈杂的环境中转录各种不同扬声器的录音，手边现有的转录程序无法处理这些问题。最新一代的机器真的能解决这个问题吗？在我阅读的材料中，有说到最新的程序也会出错，但不会比人类转录员的错误多。如果这是真的，人工智能科学和工程将取得一些非凡的成就，并且我也可以使用它。但在我们判断这一成就是否符合模仿人类智能这一说法之前，我们需要知道机器所犯的错误和人类所犯的少数错误是否属于同一类。如果人类和机器所犯的是不同类型的错误，那么尽管这个工程奇迹很美妙，但它与曾经同样美妙的袖珍计算器一样，并没有更接近人类智能。[6] 不幸的是，2017 年 8 月，当我与深度学习的一位创始人坐在一起测试谷歌的转录设备时（我们使用了他的智能手机），我们发现，它确实会在嘈杂的环境中出错，而在这种环境中人类是不会出错的。因此，我的怀疑似乎是有根据的，能够完成我的复杂转录任务的设备目前还没有出现。这是一个很好的计算机测试，在本书的最后我们会再次提到。尽管当前的转录器与上一代相比有了巨大的进步，而且是一项了不起的技术成就，但本书表明，如果你想正确地思考与人类能力相关的成就，你必须看到杯子里半空的那一部分，而不是已经填满的那部分。

◎ 语言进入计算机和中文屋

你如何教计算机使用语言？你可以通过编程让它构造合乎语法的句子，你可以教它单词拼写和字典上的单词定义，或者你也可以让它像 Eliza 一样重新定义人类输入的句子，但这些都比表面上看起来的困难得多。Eliza 在进行两轮交流之后往往会犯错误。但是让我们重复一下，这里更深层次的观点是，在自然语言的使用中，总是可以打破规则，并且可以开创新的先例。

我们的简单句子打破了正确拼写"weird"的规则，但它仍然是一个人类完全可以理解的句子。尽管拼写与本书中的预期完全一致，关于"Cmabrigde Uinervtisy"拼写乱码的研究更加说明了这一点。为了再次展示这一点的开放性，这里还有一个合理的句子，它展示了如何打破语法规则，但仍然可以被理解。这一次，我将把动词放在短语的最后，演示德语的词序。

34

"中文屋"又来了

因为我们不想涉及编程技术，所以我们用一个著名的思维实验来研究语言和计算机。这个思维实验是在 1980 年开发的，远早于深度学习的出现。利用这个思维实验，还可揭示时代的变化。我们将在后面的章节中展示，困扰这个思维实验的三个问题中，有一个已经通过大型数据库的近实时自动分析得到了克服或改善。

约翰·塞尔（John Searle）的"中文屋"受图灵测试启发，已成为另一个旷日持久的哲学辩论话题。虽然这个问题现在并没有太多人重视，但在这里却大有用处。它旨在将分析的注意力转移到机器是否有意识或可以有意识这一问题上，焦点在于通过执行代码产生的应答是否不同于通过有意识的理解获得的应答。人们对此进行了激烈的辩论。在这里，我们将把"中文屋"的思维用于另一个目的，即提出一些关于语言的问题。[7]

塞尔思维实验的核心是一个房间，房间里面有一个巨大的"查找表"，查找表左侧的问题与右侧的回答相对应。在中文屋的查找表中，每条记录的左侧都是一个用中文写的问题，右侧是一个合适的答案，也是用中文写的。讲中文的人走近房间，通过信箱传递用中文写的问题。房间里有一个不会讲中文的操作员，见图 3.1（1A）。操作员将问题与查找表左侧的文字相匹配，而无需理解它们。操作员小心地将右侧相应的文字（代表问题答案的文字）抄到一张纸上，然后通过信箱

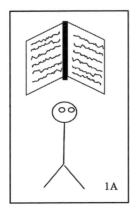

图 3.1　中文屋

传递出去。对于外面的人，问题已经得到解答。这整个过程类似于运 **35**
行一段计算机代码。我们可以想象——这里我们正在详细说明塞尔的
设计，以使其更符合图灵测试——与中文屋并排的是另一个带有信箱
的房间，里面没有查找表，但有一个聪明的讲中文的人（我们用有大
胡子的人表示这个人），我们称这个房间为"控制室"，见图 3.1（1B）。

如果同样的问题被传递到控制室的信箱，讲中文的人将通过写出
同样适当的答案来回应。然而，这一次，讲中文的人会用他对中文的
理解来回答。这个实验的前提是提问者不知道哪个房间是通过查找表
来回答的，哪个房间是通过聪明的讲中文的人有意识的理解来回答的，
就思维实验的最初目的而言，这一前提是合适的和必要的。为了论证
的需要，这一前提相当于说，中文屋［图 3.1（1A）］将通过图灵测
试。塞尔所证明的是，即便能流利地完成语言交际，就像中文屋测试
或图灵测试这样，也并不能表明计算机是有意识的，或者它的操作方
式与人类相同。

如果中文屋里没有查找表，而只有一张用中文写的答案的纸条，
塞尔的论点也同样有效，假设答案是"光从太阳出发到达地球需要八
分钟"（这个答案可以是其他任何方面）。现在，提问者被告知，这个
房间可以用中文回答天体物理问题，并且他们可以通过一张纸条来测
试它，纸条上面写着"光从太阳出发到达地球需要多长时间？"提问者
把纸条塞进信箱，房间里面有一只鸽子，当鸽子看到信箱里有一张纸
时，它会捡起房间里唯一的一张纸，并把纸条传递出去，那张纸上写

着问题的答案。在控制室〔见图 3.1（1B）〕里的是聪明的讲中文的人，但无论提问者问的是"鸽子房"还是控制室，他们得到的答案都是一样的。鸽子房显示了与原来的中文屋完全相同的困惑，即机械性能和有意识性能之间的差异——不需要那个穷尽式的查找表，查找表实际上是为了用于计算过程而设置的。不幸的是，查找表可能会使人们认为，基于查找表的语言应答器如果足够强大，就会产生流利的语言。[8]

塞尔可能是想凸显这一思想实验与图灵测试的关系，所以他觉得必须建立一个机制，这一机制能像图灵测试中真正会说中文的人一样表现出色——必须能够回答任何问题。也许，这就是为什么他没有用鸽子之类的东西和一个单一的问题和答案来说明这一点。但是，撇开修辞不谈，就塞尔的主要观点而言，并不需要这样复杂的设置。

从本书的角度来看，更有趣的问题是，基于查找表的中文屋是否能够通过要求最高的图灵测试——我们将在下面的章节中介绍图灵测试。知道这个问题的答案很重要，因为如果它可以通过，那么我们就有了一条通向人工智能的可能路径。然而，至少有三个证据表明它不能通过。这些证据有助于理解深度学习在多大程度上超越了 20 世纪 80 年代中文屋争论高潮时期所讨论的那种人工智能。

第一个中文屋问题：越来越多的拼写错误

现在，我们有了一种新的方法来思考中文屋的查找表是如何构建的。让我们想象一下，我们扫描整个现有的互联网和所有电子媒介对话的语料库，以寻找中文问题和答案，并把它们都写在了查找表中。数据会很庞大，但相对于整个宇宙来说很小。现在我们允许提问者在提问时偶尔会犯拼写错误。假设拼写错误和类似的错误是故意设置的，以便"计算机"有机会展示其类似人类的修复能力。在控制室里，聪明的中文讲话者将能够轻松地处理这个问题——他或她将"修复"拼写错误，并给出适当的回答（因为他或她是人类，所以偶尔也会出现拼写错误）。但是对于中文屋的查找表，即使它包含了现有中文语料库中所有的对话数据，也不太可能在左侧找到任何与新的拼写错误或其他错误相对应的内容：查找表左侧条目几乎不可能有任何内容与问题中拼写错误的文字完全匹配，因为设置拼写错误的方法有无数种。如果要使用查找表，左侧条目不仅必须包括所有可能的问题，而且还必须包括这些问题所有可能的错误版本。对于每个拼写正确的问题，都可能存在无数的错误版本，这仅仅受人为错误和人类创造力的限制。例如，查找表左侧不仅需要包含"I am going to deliberately misspell wierd to see if you can read it"的中文版本，还需要包含"This, the order of words in German sentences illustrates"的中文版本，而且它还必须包含以下内容：

> 你能读懂这句话吗？aoccdrnig to a rsceareh at Cmabrigde Uinervtisy, it dseno't mtaetr in waht oerdr the ltteres in a wrod are, the olny iproamtnt tihng is taht the frsit and lsat ltteer be in the rghit pclae.

以及下面的内容：

> 你能读懂这句话吗？at aoccdrnig be olny rsceareh a it mtaetr in oerdr the waht dseno't to ltteres a are, the iproamtnt pclae Uinervtisy, taht tihng lsat is the and wrod Cmabrigde ltteer in the in rghit frsit.

它还必须包括人类智慧能想到的所有可能版本的中文句子，包括提问者可能提供的所有段落混乱的中文。

因此，如果中文屋依赖于与传入文字的精确匹配，查找表的左侧将大大扩展——几乎可以肯定，它需要比宇宙中的粒子更多的条目。[9] 因此，中文屋根本行不通——固定的查找表不能代替实时的意义构建。需要强调的是，我们正在了解语言创造力的开放性，以及人类理解它的能力。

第二个中文屋问题：古板

下面将通过考虑两个不同配置的控制室来说明第二个中文屋问题。如同上面的讨论，控制室里有一个聪明的说中文的人，他或她会用有意识的母语理解来回答问题。现在假设有两个控制室，里面分别有一个聪明的说中文的人，我们称之为 1B 和 2B，他们都是成年人（见图 3.1）。不同的是，2B 是绝对不允许从控制室出来的，房间配有浴室和厨房，提供食物供给和垃圾送出服务，但没有报纸、电视或其他媒介，也没有人和 2B 说话；2B 从进入监狱般的控制室的那一刻起，就与中国社会隔绝了。然而，1B 有一台电视机，每天晚上下班回家，并完全融入中国社会。

随着时间的推移，1B 和 2B 的表现会出现分化，因为中文会发生变化，但 2B 跟不上变化。因此，2B 控制室的性能将慢慢变得过时，而 1B 控制室的性能将持续更新。对于带有固定查找表的中文屋而言，其最好的性能表现也不会超过 2B 控制室，并且随着时间的推移，将开始无法像 1B 控制室一样通过图灵测试。很明显，在图灵测试中正确的比较对象必须是 1B，因为 2B 并不是一个良好的社会化的人：如果人类要继续理解不断变化的社会环境，他们就不能将自己与社会的其他部分隔离开来。如果我们想让中文屋与 1B 控制室相媲美，那么就需要一个嵌入中国社会的人不断地更新查找表。但如果有人不断更新查找表，那么提供所需信息（即社会智力）的就是那个人，而不是中文屋本身。最初的中文屋，由于没有更新，并不具备说中文的能力，而只是中文的一个凝固的瞬间。然而，如果对其进行更新，中文屋也只是更新查找表的人与提问者之间的中介：它只是一台极其复杂的电传打字机！它根本没有显示出智慧。

第三个中文屋问题：方言

中文屋的第三个问题是方言，尤其是脏话。如果一台机器想要成为人类，它将不得不时地咒骂和诅咒。它需要处理包括咒骂和诅咒在内的输入，但如果它从不咒骂和诅咒，就不能说它能模仿所有的人类对话。至少有些中文屋的输出端和输入端都需要脏话，而且它们必须不时地自发地说出脏话——如果需要代表某种类型的人类，还得相当频繁地使用脏话。中文屋如果没有这样的能力，将无法通过苛刻的图灵测试。现在，当一个简单的查找表选择一个响应时，它会随机选择使用脏话，所以它使用脏话的可能性等于在一组响应中出现脏话的频率。可以看出，它很有可能在不恰当的时候使用脏话。

这很可能是"沃森"在演示中无法处理方言的主要原因。沃森是IBM 开发的人工智能系统，因在《危险边缘》（*Jeopardy*）节目中赢得比赛而闻名（我们稍后会回到这个话题）。沃森的设计者决定在沃森中编写"城市俚语词典"等程序，使其讲话更自然，但这些新词汇中包括了冒犯性的语言。由于不理解社会语境，沃森使用这些词汇的频率远远超出了恰当的范围，而且这些词汇经常出现在错误的语境中。在 2013 年 1 月 10 日的《大西洋月刊》（*The Atlantic*）上，我们读到：

> 沃森分不清礼貌用语和粗话，而"城市俚语词典"里充斥着这些粗话。沃森也从维基百科上养成了一些坏习惯。在测试中，它甚至在回答研究人员的问题时使用了"胡扯"这个词。最终，布朗的 35 人团队开发了一种过滤器，以防止沃森说脏话，并将这些词从"城市俚语词典"中删除。

这再一次说明，中文屋和沃森都缺少理解其工作环境的能力。[10]

◎ 这个问题解决了吗？

对中文屋的分析说明——我们在这里讨论的不是塞尔的问题，而是我们自己的问题——如果计算机要掌握流利的语言表达能力并通过最苛刻的图灵测试，我们必须解决一些问题。例如，它们必须能够修复非标准用法并能自己创造出新用法，它们必须跟上当代社会的步伐，它们必须足够了解语境，以便根据社会语境以适当的方式使用方言等。其中一些问题可以通过添加额外的规则来部分解决，但如果计算机没有嵌入不断变化的社会中，这些额外的规则将无法应对语言和社会习俗的不断变化。这样，我们又回到了如何融入语言社会这一问题。

在进一步讨论之前，需要注意最近的发展在一定程度上混淆了几十年前我提出的一个没有解决办法的问题——更新查找表。现在我们可以将计算机连接到互联网上，我们以一种自动化的方式来不断更新它们，以适应社会中自然语言使用方式的不断变化。我们可以有类似中文屋的东西（如果它连接到互联网，它实际上不是中文屋），它跟上了不断变化的话语前沿。然而，这仍然不能解决即时语境问题——方言的问题说明了这一点——但它是一个有趣的发展，它确实以一种不可能的方式解决了部分语言过时问题，这在几十年前是无法预见的。

◎ 图灵测试及其复杂性

我们将要测试计算机是否解决了这些问题。1950 年，艾伦·图灵发表了一篇题为《计算机器与智能》的论文。在论文中，他建议用一个简单的测试——一个在深入细节之前看似简单的测试，来代替关于计算机是否智能这样的模糊问题。我们将在这里介绍图灵测试，并开始分析它。在第十章我们还会进一步说明，当要求足够严格时，通过图灵测试是非常困难的。

图灵测试是基于一种室内游戏。在这个游戏中，有一名男人、一名女人和一名询问员（男女皆可），询问员呆在与男人和女人相隔离的屋子里。询问员将书面问题通过远程通信（或中间人）交给另外两人，要求女人自然地回答问题，而男人需要假装成女人来回答问题。询问员的任务是从书面回答中判断哪个是男人、哪个是女人。图灵建议用计算机来代替男人角色，如果询问员在询问五分钟后还不能将计算机和真人区分开来，我们就可以称计算机是智能的。

图灵测试看似简单，实则不然。第一，计算机的任务不是模仿男人，而是模仿假装女人的男人，这要容易得多，因为男人在这个角色中可以犯错。因此，为了强化测试要求，我们希望让计算机模仿的就是一个做自己的人，而不是假装成别人的人。第二，五分钟的提问时间不是很长——我们可以使用更长的时间，我们也应该能够在相同的场合使用新的对话来进行测试。从运行我们自己的模仿游戏的实验中，我们了解到，模仿游戏就像最初的室内游戏，它可以花一个小时来完成半打提问和回答，即使是对于一台计算机处理一个场景，半天的测试可能是最低要求。[11] 似乎也可以期望计算机不仅可以回答问题，而且可以进行类似人类的对话，还可以自发地将话语引向新颖有趣的方向。

接下来，我们需要考虑参与对话的人员。让我们从询问员开始。询问员是否知道其中一名参与者在说谎呢？20 世纪 60 年代，著名的 Eliza 程序非常简单，被一些人认为具有对话能力，这也是一些分析人员认为图灵测试太简单的原因，但是进行测试的精神病患者并不知道自己正在对着计算机说话，因此也不知道自己在寻找什么。这是至关重要的——询问员应该知道其中一方是计算机，也知道测试正在进行。如果询问员不知道这一点，那么未被注意到的修复就会不断发生，并且通过测试将非常容易。除非询问员采取最坚定的怀疑和警惕态度，否则图灵测试毫无价值。因为正如我们所看到的，人类在不知不觉中不断地陷入修复模式。我将在第十章详细讨论一个更好的进行图灵测试的方法。这个方法用来帮助询问员判断计算机是否能修复其错误输入，因为修复错误输入是典型的人类活动。换句话说，询问员/精神病患者应该存在口齿不清和拼写错误的问题——包括不需要被纠正的拼写错误，比如 wierd 的例子——看看计算机是否能像人类一样处理错误，这是图灵测试询问员接受培训的方式之一。考虑到 Siri 等基于先例的程序越来越成功，这些问题需要仔细研究。

还需要注意的是，在 20 世纪 60 年代的 Eliza 例子中，没有比较对象，只有精神病患者与一个隐藏的机器之间的对话——但我们总是需要将机器与一个人类伙伴进行比较。然后，假设询问员确实知道其中一方在造假，那么问题就来了：计算机所假装的是和询问员同一类型的人吗？当然，他们应该是同一类型的人。想象一下这种情况，除了询问员之外，两个对话伙伴——计算机和人类——都只会说中文，那么，除非询问员也是以中文为母语的人，否则这个测试就没有价值了。这同样适用于计算机试图模仿的所有其他人类特征：最好由典型的能参与测试的人担任询问员，否则我们不会从测试中知道任何事情。另一个能自然地回答问题的谈话对象——"非伪装者"——也是这类人的一个近乎完美的例子。

由于所有这些复杂性，对于计算机是否已经通过了图灵测试以及通过图灵测试的难度有多大，评论家们给出了截然不同的说法。[12] 本书的观点是，计算机从未通过精心设计的图灵测试，而且在可预见的未来也不会通过，来自人工智能研究领域核心地带的有组织的怀疑论者应该已经向公众阐明了这一点。

实际上，我们比预期更接近库兹韦尔等人的观点。库兹韦尔认为图灵测试要到 2029 年才能通过。库兹韦尔写到："没有任何一套技巧或算法可以让机器在不具备完全人类智能水平的情况下通过合理设计的图灵测试。"他是对的。[13] 因为库兹韦尔在人工智能支持者中是一个标志性的人物，所以我在整本书中使用他的观点作为参考。[14]

这突显了追求科学或工程突破的人工智能与追求完全复制人类智能的人工智能之间的另一个重要区别。如果程序能够完成为它们设定的约 95% 的任务，工程师应该会感到相当高兴，只要我们知道程序何时以及为什么不能完成剩余的 5% 的任务。人工智能的工程和科学目标是让人工智能具有使用性，而不是使其完美。而要制造一个人工大脑，就必须达到或接近 100% 的复制。因此，在要求最严苛的图灵测试中，计算机不可能模仿那些缺乏想象力或语言流利程度低的人，而一定是模仿语言流利程度最高的人——使用自然语言，这相当于在围棋比赛中击败世界冠军。更合理的说法是，计算机必须与人类编辑中最优秀的 0.1% 一样，擅长修复破碎的语言。如果我们没有做到这一点，我们将无法证明计算机在认知能力方面与人类一样好。不幸的是，一些人工智能的信徒认为，如果计算机能够实现大部分人所具有的能力，那么实现人类所有成员的能力就变得指日可待。当批评者指出所缺少的要素时，他们会表示反对。但人工智能的信徒们应该对没有成功的那个很小的百分比部分感到担忧，因为这意味着他们的项目仍未成功。现在已经有很多人类做的事情，机器可以做得和人类一样好，甚至更好。拖拉机更擅长牵引，汽车和火车更擅长快速行驶，计算器更擅长计算，等等。但这并不意味着人类只是机器——拖拉机、汽车和火车、计算器的组合。要支持"人类只是机器"这一论点，至少需要机器能够完成人类通过语言处理所能完成的所有任务，或几乎所有任务，而不仅仅是部分任务。这就是为什么不低于 99.9% 就已经足够好了（如果我们不期待计算机能够创作莎士比亚那样的戏剧）。我们将在第十章再次讨论这些问题，并看看随着图灵测试变得更加完善，我们应该致力于再现什么样的人类特性。

然而，由于语言的中心地位，计算机99.9％的表现与语言使用有关。仅基于书面语言交流的测试只要足够难，也是合适的——我们不需要机器人学。

语言有时被认为是反映身体能力的一种复杂方式，这使问题变得复杂起来。德雷福斯等哲学家认为，只有借助于人体才能获得流利地使用语言的能力。从"互动性专业知识"的见解出发，我强烈反对这一观点。互动性专业知识将在第四章详细讨论，它的基本观点是，对语言和实际问题的透彻理解可以通过沉浸在实践专家的口头话语中获得，而不需要任何练习或其他身体部位的参与。我在第八章也将提出，如果要对前沿科学典型的专业知识做出贡献，那么必须有强有力的机构来开展社会互动，以建立信任。如果这些观点是正确的，那么纯语言测试也自动成为对身体能力的测试，也许这使得纯语言测试更加具有启发性。这个话题讨论起来比较困难。

顺便说一句，令人惊讶的是，我发现，至少在深度学习领域为数不多的顶尖先驱中，一些人并不认同我和其他许多人关于语言优越性的观点，这一观点也与深度学习神经网络最重要的先驱之一杰弗里·辛顿的观点相矛盾（见第六章）。一些深度学习先驱者认为，动物的智能远远超出了当前计算机的智能，但是在计算机达到了比如猩猩的智能——这种动物并不以其文化成就而闻名——之后进一步获得完整的语言能力将是一件小事。[15] 我觉得奇怪的是，尽管家畜完全沉浸在人类文化中，某些猿类等也被刻意和广泛地进行语言训练，但没有动物能够真正学会人类语言。从实现动物智能到获得完整的语言能力被认为是一个小步骤，但成功率接近于零。几个最小的符号操作并不意味着成功——那修复破碎的语音或电话暧昧呢？记住，如果要避免胡言乱语，就必须把杯子看成是半空的，而不是半满的！动物有语言，这也与以前的研究中关于语言在人类大脑发育中的关键作用的讨论不一致。[16]

让我惊讶的是，有人认为深度学习计算机目前的语言能力也不是流利程度的问题，而是"技巧"的问题！不同的深度学习研究人员对语言的认识相差很大。因此，我所能制造的最困难的语言/文化问题可能很快出现在深度学习的研究范围内，然而也可能有人提出，计算机

43

在实现动物智能之前，是不可能实现完全的人类语言能力的，而且实现动物智能还有很长的路要走。我认为，这一问题的根源在于，早期的成功往往会让未来的成就更难取得，目标更难实现。我们必须永远记住，许多关于深度学习的主张并不是基于当前的成就，而是基于当前成就进行的预测，这是完全不同的事情，正如科学和技术的历史，尤其是人工智能的历史，一遍又一遍地展示的那样。

注释

[1]   布莱克韦尔（2017）。布莱克韦尔是剑桥大学计算机实验室的教授。在他 2015 年的论文中也有类似的说法。

[2]   这些段落的完整版本见柯林斯（2010）。稍后我们将进一步了解这个例子。

[3]   请参阅柯林斯和品瓷（2005）研究中的庸医，或柯林斯和埃文斯（2007）对这些和其他自信的骗子的简要介绍。

[4]   魏森鲍姆（1976）。

[5]   一位生物学家提出了类似的观点，但却考虑了大脑的力量，请参阅拉兰（2017）；一位人类学家也提出了类似的观点，请参阅迪肯（1997）。

[6]   关于非人为错误的话题，正如我早期的一本书所解释的（1990），袖珍计算器不做类似人类的算术，因为它不知道如何根据上下文进行类比。

[7]   想要追寻原始辩论的读者可以在谷歌或相关网站上查找尽可能多的关于"中文屋"的辩论。

[8]   内德·布洛克（Ned Block）提出了具有相同灵感的更复杂的设计，柯林斯（1990）的研究也对这种设计进行了讨论。

[9]   参见柯林斯（1990）的论点。一位技术熟练的读者告诉我，关于拼写错误，计算机可以通过使用部分匹配而不是完全匹配来解决这个问题，所以我声称查找表必须扩展至如此之大是错误的。但是，如果我们允许像两段"Cmabrigde"之类的内容——记住，所有这些拼写错误和混乱都必须预料到——部分匹配，将无法解决左侧的绝对大小问题。

[10]   可以在此处找到该问题的另一个示例：http：//www. theglobe-andmail. com/technology/technews/how microsofts-friendly-robot-turned-into-a-racist-jerk-in-less-than-24-hours/article29379054/，标题不言自明。它涉及一个从互联网上获取其说话方式的系统。这些论点的一般模式（尽管没有讨论糟糕的语言）可以在柯林斯（1990）的研究中找到。

[11] 关于将模仿游戏作为一种社会学方法的发展，请参见柯林斯等人（即将出版），以及柯林斯和埃文斯（2014）。

[12] 有关最新的无用声明之一，请参阅：http：//www. bbc. co. uk/news/technology-27762088。

[13] 这句话可以在他 2005 年和 2002 年的论文中找到（http：//www. kurzweilai. net/a-wager-on-the-turing-test-why-i-think-i-will-win）。这篇文章是对库兹韦尔思想的一个很好的简短介绍，并且比许多其他来源包含更多关于图灵测试和计算机的意义，但是，正如本书将要讨论的那样，他的论点遗漏了一些东西。

[14] 一些人工智能专家向我指出，就最近对人工智能研究前沿的贡献而言，库兹韦尔被认为是一个边缘人物，但他们一致认为库兹韦尔的想法对本书很有用。

[15] 我在 2017 年夏天于纽约举行的深度学习研讨会上发表了一些陈述。

[16] 拉兰（Laland，2017）；迪肯（Deacon，1997）。

第四章
人类、社会语境和身体

◎ 人类如何理解社会语境？

我们认为，创造类人智能的主要障碍是难以创造对社会语境的类人敏感性——人类对社会语境的理解。如前所述，人类理解社会语境的方式是"社会化"——在一个社会中长大，或者在以后的生活中，沉浸在一些最初不熟悉的而又需要理解的社区中。我可以理解包含拼写错误标记的句子，因为我是一个地道的英语母语人士。这就是我成长的方式，我沉浸在这个社会中已几十年。作为一名科学知识领域的社会学家，我也非常了解如何将自己融入以前从未见过的社区之中，以及如何在这些社区中实现社会化。我也知道科学家和其他人是如何开发出新的创造性思维方法的，以将曾经被认为是错误的观点转变为可接受的创新：我研究如何"改变事物的秩序"。与此同时，我们可以通过定义语境的作用来减少语境概念的模糊性：理解语境一方面是一种区分可接受的规则破坏行为和可接受的设置先例行为的能力，另一方面是区分简单的失误和错误的能力。本书的论点就是围绕这一特征展开的。需要强调的是，融入社会是关键。本书后半部分（第八章）将提到改变社会秩序常常会引起相关人士（通常是在一个受限群体中）的激烈争论，争论的焦点是一些新奇事物打破规则或开创先例是否可以被接受。完全人工智能面临的一个问题是，如何让具有社交能力的计算机被小型、封闭、秘密、基于信任的群体所接受，以便他们能够参与争论。

我们在计算机中设立的一般人类智能的成功标准将是创造出具有语境敏感性的类人语言处理机制——计算机嵌入语言社会中。语言处理是图灵测试的传统，所以我们将不断地回到图灵测试。需要说明的是，嵌入社会是成功通过设计合理的图灵测试的先决条件、必要条件。

处理好一些问题将会带来一些微妙的区别。例如，我们谈论的对象是否为将自己嵌入人类社会并从中学习的个人计算机？或者我们谈论的是不是由开发自己语言的计算机组成的自治社会，并且人类社会可以与之共存，人类是否可以像接触陌生人类社会一样从这些社会中学习？这些差异将在第五章详细讨论。

◎ 非嵌入性社会学的问题

现在，我们再一次利用从人类的理解中汲取的经验来研究智能机器的问题。社会嵌入问题很久以前就出现在社会学和一般社会科学中。20 世纪 50 年代和 60 年代，社会科学家们为诸如社会学这样的学科是"科学的"还是"解释性的"，即是"客观的"还是"主观的"争论不休。这样的争论并不具备启发性，因为没有人真正知道这些术语的含义。如今，科学的本质得到了更好的理解，我们现在知道"主观的"方法也可以是完全科学的，这取决于研究人员想要达到的目标。但从原有辩论中得出的一个重要反对意见仍然存在。这是个关于社会学、人类学、人种学和相关学科在分析上是否"客观"的问题，即是否仅需要从外部观察所研究的社会，或者分析者在能够理解一个社会之前，是否必须从所研究社会中的人的角度理解这个社会。这个问题与人工智能中的模式提取和统计模式识别方法是否能够模仿或再现一般人类行为（语言）的问题有很多共同之处。如果他们能够做到这一点，那么纯粹的"客观的"社会学便是可能的；如果不能，社会学就必须从主观理解开始。

让我们借助与这个问题有关的思维实验的方法，写一些我们自己的科幻小说。想象我们在一个外星星球上发现了生命——从表面上看，假设这些生命的组织水平和工具使用水平与人类大致相当。但是，让我们假设这些生命是建立在非碳化学基础上的，这个星球的大气对我们来说是有毒的，并且外星人的身体形态是奇怪的。我们发现，无论我们如何努力，我们都不能理解外星人的语言，它们也不能理解我们的语言（关于这一点的更多争论将在第五章中展开）。但它们并没有敌意，我们可以驾驶宇宙飞船盘旋在它们的上方，观察它们的一举一动。它们生活在户外的永恒光线中，没有隐私，这使得观察更容易了一些。[1]

为了解外星人，我们收集了大量关于它们动作的数据，包括手和嘴唇的动作，并对它们的语言和文字进行了大量的记录。也就是说，我们收集这个外星社会的数据，就如谷歌、Facebook、连锁超市和情报机构想要获取关于我们社会的所有数据，但一开始我们无法理解我们收集的数据。问题是，我们能否通过刻苦的研究和巧妙的统计分析来理解这些数据？

这本质上也就是那些认为社会学可以成为一门客观学科的人认为可以解决的问题。他们狭隘地认为，社会学是一门纯粹通过从外部收集一个社会的数据就能发挥作用的学科。按照这一观点，不需要任何混乱和主观的理解或"解释"过程，人们最终可以弄清楚一个外星（尽管是基于地球的）社会是如何组织和运行的。这也相当于没有社会嵌入的人工智能问题。对于神经网络（见第六章）或其他此类程序，人类社会是外星社会。但一些人认为，机器通过收集足够多的某一社会的数据，并以足够的独创性分析这些数据，尽管没有任何能理解这个社会的人类程序员的指导（也就是说，通过完全无监督地学习无标签数据），这些机器将能够重现这个社会生产数据的模式，能够以一种与当地人相同的方式在那个社会生活，并且当地人也无法将它们区分开来——当然，这其中包括通过最严格的图灵测试。[2]

本书的立场与这种观点相反，认为社会学必须从理解开始——从"主观的"或"解释的"方法开始。这种方法的基础是让人再次沉浸在

49

语言中，如果可能的话，沉浸在所研究的目标社会的社会生活中，经历"社会化"过程。由此，人们学习当地语言要达到的程度是足以理解当地人如何自然地进行日常生活，并发现自己与当地人做出了类似的判断——这与我们对智能计算机的要求完全相同。顺便说一句，这种被称为社会化的"主观"方法是不折不扣的科学，因为任何其他人在相同的材料上使用相同的方法都会得出相同的发现。这意味着这种方法的结论是可复制的，因此是"客观的"，尽管其过程是主观的，这也是一直以来造成很大困惑的原因。[3]

　　值得注意的是，人们可以通过研究人类社会中相互陌生的概念，来探索社会学问题。如果我们查看术语"short leg"（属于板球）和"running back"（属于美式足球），并尝试使用谷歌翻译进行一些翻译和反向翻译，可以生成表 4.1。

表 4.1　使用谷歌翻译反向翻译体育术语（2017 年 2 月）

序号	语言	原文	译文	译文回译
1	北印度语	I field at short leg	शॉर्ट लेग पर मैं मैदान	I field at short leg
2	阿非利卡语	I field at short leg	Ek gebeid op kort been	I field at short leg
3	法语	I field at short leg	Je plante à la jambe courte	I plant with short leg
4	汉语	I field at short leg	我在短腿	I'm on short legs
5	北印度语	I am a running back	मैं एक वापस चल रहा हूँ	I'm working back
6	阿非利卡语	I am a running back	Ek is 'n hardloop terug	I'm a running back
7	法语	I am a running back	Je suis coureur	I'm a rider
8	汉语	I am a running back	我是跑回	I was running back

印度和南非有板球比赛，但法国和中国没有。因此，如表 4.1 中 1~4 所示，对北印度语和阿非利卡语进行反向翻译，所得结果和原文一致，而对法语和汉语进行反向翻译所得结果没能和原文一致。美式足球在印度、法国和中国并不是主流的球类运动项目，但在南非很有名（我在这个练习中发现），因此出现最后四行的结果。在法语或汉语中，

根本不说 "at short leg" 或 "a running back"，在北印度语中，也不说 "a running back"。

◎ 模仿游戏和互动性专业知识

近年来，我们开发了一种方法来衡量一个本地社会被外部分析人员理解的程度，这种方法称为模仿游戏，也就是人类版本（即非计算机）的图灵测试。再一次，社会学问题和人工智能问题互相映照。[4] 在模仿游戏中，一个询问者针对社会生活中的某个领域向若干人提出相同的问题，回答问题的人中有一个人不是该领域的专家，但他/她假装自己是专家，而询问者和其他回答问题的人都是该领域的专家。游戏可以以多种方式进行，可以是单人游戏，也可以是大型或小型团体游戏。我们已经证明，盲人在对语言的理解上比正常人做得更好，因为盲人大部分时间都沉浸在正常人的话语中，而正常人几乎没有时间沉浸在盲人的话语中：这是一个小群体版本的游戏。至于个人版本的游戏，我花了 45 年沉浸在引力波物理学领域，虽然不是物理学家，但在相隔大约十年的时间内，我两次通过初级模仿游戏测试。在这些场合，当我回答引力波物理学家提出的问题时，他们把我和引力波物理学家的回答进行了比较，结果很难把我和引力波物理学家区分开来。[5]

这些测试最初是想表明，一个人通过长期和深入地沉浸在专家组的对话里，可以透彻地掌握该专家组的语言，而不需要参与该专家组的实践研究。通过这种方式所学到的是"互动性专业知识"，随着时间的推移，这个概念似乎有了越来越多的影响和应用。互动性专业知识使一个人仅通过沉浸在专家组的话语中，就能够理解自己没有实际涉足的领域里的问题。我们的研究表明，一个精通某一领域实用口语的人——一个已经掌握了"实践语言"的人——会倾向于做出与该领域中熟练的从业者相同的判断，这也是引力波模仿游戏所揭示的。这些结果表明，流利地使用语言本身就是一种技能，它带有各种隐性能力，这些和技术判断相关的能力与通过自身实践获得的能力相似：这说明了为什么图灵测试的作用可能非常强大。它可以仅通过语言测试来了解实际的理解能力。[6]

进一步思考可以清楚地看到，如果没有互动性专业知识，社会将
停止运作，因为如果一个实践专家无法理解另一个实践专家，他们将
永远无法协调他们的活动。再来看盲人，盲人即使不会打网球，只要
沉浸在网球的口头话语中，也能完全理解网球。这也是为什么萨曼莎
在电话暧昧方面有精湛的技巧（假设流畅性的问题已经解决了），尽管
事实上她没有身体；艾娃和哈尔也是如此。身体并不重要，重要的是
沉浸在口语中。总而言之，当涉及个人学习和理解与实际社会有关的
语言时，计算机不需要自我实践——可以说，重要的是机器中的思维，
只要它会说话。互动性专业知识解释了为什么本书的重点是语言处理。
具备语言处理能力是人类智能的典型特征，它使社会得以运转，也使
人类得以成为人类（参见玩棋盘游戏）。在这种模式下，与一些深度学
习专家所声称的相反，创造机器动物虽然可能并不容易，但也比非机
器人计算机掌握流利的语言更容易，因为前者不需要融入极其复杂的
人类社会生活中，而后者必须如此。[7]

◎ 单态行为和多态行为

再次强调，本书的核心观点是计算机无法像人类一样行事，除非
它们融入语言社会，否则很容易区分它们的智能表现和人类的智能表
现。我曾说过，同样的原则也适用于社会科学——如果不沉浸在相应
的社会中，就无法理解该社会中人的典型行为，更不用说他们的创新
行为。我们无法通过观察和统计分析从外部去理解人类的行为。这一
观点非常重要，因而需要以另一种方式解释它，这种方式基于多态行
为与单态行为之间的区别。[8]

行为是人类有意识开展的活动，而不是偶然情况下由反射或外力
引起的。摔倒不是行为，跳到地上是行为；自然眨眼不是行为，挤眉
弄眼是行为；将"weird"误写为"wierd"通常不是一种行为，而是一
个无意的错误，但本书中遇到的类似情形是一种行为。

单态行为是通过每次执行相同的外部可见动作来实现的。在正常
情况下，拼写"weird"是通过我的手指每次都执行相同的行为程序来
实现的：weird，weird，weird……你可以想象我的手指在每次重复的

情况下都在键盘上跳同样的舞蹈。其他单态行为的例子包括敬礼、阅兵演习、花样游泳、盛装舞步、拨打电话等。需要注意的是，并不是每次都成功地以完全相同的动作实例来执行行为才算是一种单态行为，意图才是最重要的。行为可能会失败。大多数情况下，只要我们合理地进行行为模仿，我们就会成功；它不需要精确。在花样游泳或花样滑冰等比赛中，人类在精确重复的行为方面存在困难——人类很难执行复杂的单态行为。

另一种行为是多态的（polimorphic）（当前计算机倾向于通过将其更改为"polymorphic"来尝试"纠正"这个词），这意味着相同的行为可以并且有时必须在不同的场合以不同的方式执行，这些行为通常具有语境敏感性。[9] 比较敬礼与问候。在非仪式化的社会群体中，问候可以用很多不同的方式。如果要保持友好关系，就必须在不同的场合用不同的问候方式。如果我每次和我的妻子见面时都用完全相同的方式问候她，那这种问候很快就会失去作用，而变成笑话或侮辱。记得有一次我从国外长途旅行回来，用"你这个混蛋"问候我的妻子。我们都立即明白这意味着"你让我非常痛苦，因为我想死你了"。然而，在任何字典或任何一套说英语的规则中，"你这个混蛋"都会被视为侮辱。这就是沃森的问题所在，也是它使用方言的问题所在——沃森无法（或尚未）理解社会情境决定了重复多态行为的适当方式。沃森不能认识到它所处的社会地位，因为它不了解它试图分析的社会。

约舒亚·本吉奥是一位深度学习领域的先驱，在之前的一次谈话中，他就我发给他的一篇文章这样写道：

> 我并不是说这种词语用法很快就会被真正理解，但是我们围绕神经网络和深度学习开发的科学构件使我们有理由相信（至少对我而言），在可预见的未来我们将建造能够在相应的语境中理解这种词语用法的机器（其中包括你和你的伴侣之间的很多过往）。[10]

相比之下，我无法想象如何从现在的状况开始逐步实现这一点，因为在其他方面，我们现在的状况似乎并不能引导机器了解我和我伴侣之间的关系过往。

回到我们的飞船去观察外星人。如果在外星人的世界里，它们同时执行了单态和多态行为，我们将如何理解它们的行为呢？（记住，我们无法了解它们的意图，因此也无法了解它们的行为，只能观察它们的行为。）可能在它们的世界里，一种类似说出"你这个混蛋"的行为会被用作一种侮辱，有时也会被用作一种深情的问候。在它们的世界里，我们或许能够理解与敬礼相对应的东西，但我们无法理解与问候相对应的东西。[11] 这就是为什么社会学家和智能机器要想理解并融入人类社会，就必须进行社会化。他们必须学习的是语言——直到达到可以做出与当地人完全相同判断的程度为止，因为语言是文化传播的方式。[12]

54

◎ 身体与人工智能

本书专注讨论语言和语言处理，但不能完全避免对身体的讨论。这有一个纯粹的学术原因：20 世纪 60 年代和 70 年代，德雷福斯开创性地对人工智能进行批评，提出了计算机缺乏身体的问题。接下来的几页将大量集中地提到已出版的著作和知名学者的观点。德雷福斯的批评在哲学界仍然具有重要意义。尽管语言处理能力足以成为人类智力的指标，但人类语言作为一个整体的发展取决于人的身体。语言作为一个整体的发展，不同于个体在已经拥有语言的社会中习得语言。语言的形式取决于社会的典型实践形式，而个体对语言的习得则不然。个体对语言的习得与语言的整体发展之间的重要区别鲜为人知。让我们先从德雷福斯对人工智能颇具影响力的勇敢的批评说起。

1967 年，时任麻省理工学院（MIT）教授的德雷福斯发表了一篇"臭名昭著"的文章，题为《为什么计算机必须有身体才能变得智能》（*Why Computers Must Have Bodies in Order to be Intelligent*）。他认为，我们对世界的理解与我们的身体活动息息相关，因此理解是无法用装满晶体管的固定盒子来复制的。我听说，由于这件事以及他对人工智能的其他批评，德雷福斯很难在 MIT 获得终身教职。MIT 人工智能实验室当时正春风得意，因此德雷福斯搬到了伯克利。[13] 1972 年，他出版了《计算机不能做什么》（*What Computers Can't Do*），这本书详细阐述了他对人工智能的批评。如今，这本书及其 1992 年出版的《计算机仍然无法做到的事情》（*What Computers Still Can't Do*）似乎仍然非常优秀，对人工智能的批评写得非常出色，即使它们在某些方面已经过时了。

德雷福斯的许多论点仍然值得推敲，但我们现在可以看到，其所缺乏的是对人类知识的集体性的认识。直到 20 世纪 70 年代早期，随着科学知识社会学的发展，人类知识的集体性才得到正确理解——尽管它最早可以在路德维希·维特根斯坦（Ludwig Wittgenstein）后来的哲学中找到（例如他 1953 年的著作）。如果有相关人员知道的话，还可以在医学研究科学家路德维克·弗莱克（Ludwik Fleck）的著作（1935 年首次以德文出版，直到 1979 年才翻译成英文）中找到。当然，这些人都没有写关于人工智能的文章，他们写的是知识的本质。维特根斯坦认为，单词的含义不在字典中，而在我们的生活方式中。1962年，托马斯·库恩（Thomas Kuhn）提出了他著名的科学"范式"理论。根据该理论，科学家们行动、思考以及解释实验结果的方式与融入同领域的科学家社会群体有关。三十多年前，弗莱克将这个理论命名为"集体思想"。这一重大突破体现在这种对知识的理解甚至适用于科学知识。而在当时，科学知识一直被认为是一个与日常思维、行为和生活完全分离的领域。只有当人们意识到即使是科学知识也需要融入社会中时，这种对知识的思考方式才会被视为是普遍的。在此之前，任何科学家如果其思想受到周围社会的影响，而不是纯粹地反映自然，则被认为是有缺陷的，虽然这种缺陷可以被弥补。我们现在可以看到，库恩（和弗莱克）的观点是维特根斯坦的"生活形式"概念应用于科学界的结果。

先于库恩，维特根斯坦主义哲学家彼得·温奇（Peter Winch）在 1958 年用疾病的细菌理论很好地解释了后维特根斯坦（later Wittgenstein）思想的含义。温奇解释说，新细菌的发现只是现有科学理论（库恩术语中的"正常科学"）的延伸，而疾病细菌理论的最初发现与外科医生"生活形式"的整体变化（库恩术语中的"革命性"变化）密不可分。如今，当我们看到外科医生仪式性地擦洗时，我们可以认为他们的行为是在确认细菌的存在，而且他们也认为自己是在清除手上的细菌。这一思想被科学知识的社会学家们更加充分地发挥出来，并应用于同时代的一些具体案例中。[14]

回到我们所谓的"身体论"——德雷福斯等人所拥护的关于身体重要性的论点——它源于一种截然不同的哲学传统。尤其是德雷福斯，他是研究哲学家海德格尔（Heidegger）的专家。这些"现象学"哲学家以"我们"接触世界的方式为出发点，进行了深刻的反思。例如，维基百科是这样描述这一学派的核心哲学家梅洛·庞蒂（Merleau-Ponty）的：

> 梅洛·庞蒂强调身体是认识世界的主要场所，这是对长期以来将意识作为知识来源的哲学传统的一种纠正，他认为身体和它所感知到的东西不能彼此分离。[15]

请注意，与其他研究人类思想学派的不同之处在于，现象学家将身体置于认知生活的中心，人们可以立即理解德雷福斯批评的来源：一个装满硅基组件的固定盒子不可能是智能的，因为它没有一个像人类一样与世界互动的实体。我们也可以看到，现象学思维与维特根斯坦的方法有一些共同之处，因为后者也强调认知生活的实际元素——概念和实践不能分开，就像外科医生洗手一样；不同之处在于，对于现象学家来说，人们是通过个体身体与世界的接触来理解实践的，而对于维特根斯坦主义者来说，这种接触是通过"生活形式""集体思想"或"范式"来理解的，是从社会群体的存在方式中产生的。

现象学分析中没有个体与群体的区别；对于像德雷福斯这样的现象学家来说，只有个体和典型身体。[16] 道格·莱纳特（Doug Lenat）的介入引发了其与人工智能支持者关于身体的争论。莱纳特指出，根据奥利弗·萨克斯（Oliver Sacks）的案例研究，一个名叫玛德琳的女性虽然先天严重残疾，但却能流利地说话。玛德琳仅通过与护工的交谈就学会了流利地说话，而不需要与外界有任何身体接触。[17]

莱纳特基于玛德琳的案例对身体参与的必要性的批判，完全符合互动性专业知识的观点，也符合我们在个体与群体问题中对个体方面的分析。为了从周围的人群中习得语言，玛德琳只需要"机器的思维"。但是"玛德琳们"（这里我们超越了莱纳特）不能靠自己发展他们所掌握的类人语言，因为发展这种语言首先需要身体与世界的接触——这取决于"机器的肉体"，而不仅仅是思维。[18]

因此，尽管我们的实验表明，即使盲人不会打网球，他们也能理解网球，但在一个没有人打网球的世界里，盲人就无法理解网球了。[19]如果每个人都是盲人，我们的概念世界将会非常不同——这在赫伯特·乔治·威尔斯（H. G. Wells）的短篇小说《盲人国》（*The Country of the Blind*）中得到了很好的说明。[20] 在这个盲人的世界里，没有网球这个词，也没有我们熟悉的许多其他事物。所以语言和概念会有所不同（这类似于另一个星球上的外星人的想法，我们可以观察但无法理解）。因此，在集体层面上，语言的概念结构——语言的本质——取决于我们身体所做的事情，但这不适用于个体。再次强调，在个体层面上，"机器的思维"至关重要，但在形成语言的集体层面上，"机器的肉体"同样重要！具有讽刺意味的是，这是无身体的深层思维可以成为智能机器的原因——深层思维依赖于互动性专业知识，以使自身在没有身体互动的情况下变得可信！

回到第一章，我们可以再次看到为什么计算机控制的布洛菲尔德模型令人困惑：机器没有肉体。布洛菲尔德模型，其中有被改造的浴室、快车、游泳池及对猫的抚摸等，都取决于人类对身体所做的事情。如果不能洗澡，一个计算机生活的社会为什么要有漂亮的浴室呢？没有伴侣可以吸引，也没有神灵可以敬献，为什么它们会渴望权力和财富呢？但是，个人学习语言和理解语言背后的物理世界，不是凭借与世界的接触，而是凭借他们成长的群体。因此，只要计算机不是自治的，而需要学习（某种类型的）人类语言，这就解决了布洛菲尔德之谜。孩子们是在说语言的群体中出生和长大的，他们学习他们所在群体的语言。再次强调，这就是为什么像玛德琳这样的人，尽管他们的身体在很多方面都与群体成员不同，也无法参与各种活动，但仍然可以学习群体的语言。我们现在已经有了足够的概念，可以更细致地理解我们所说的人工智能及其众多变体的真正含义。我们将在第六章中看到，它有六个等级。

注释

[1] 写完这个段落一段时间后，我发现电影《降临》（*Arrival*）中的所有原则细节都再现了这个场景。不幸的是，这部电影并没有严肃地处理语言问题，而是用一种带着数学意味的魔法方式来解决这个问题。

[2] 注意，这可以在像围棋这样的决定论环境中实现。

[3] 关于这一方法的探索，请参阅柯林斯（即将出版）的《生命的形式：社会学的方法和意义》（*Forms of Life：The Method and Meaning of Sociology*）。

[4] 模仿游戏（Imitation Games）是我们为引力波物理学研究项目开发的技术方法［柯林斯和埃文斯，2014；柯林斯等人即将出版的《模仿游戏：社会调查的新方法》（*Imitation Games：A New Method for Investigating Societies*）］。

[5] 数学问题被禁止了，但这并不像看起来那样严重——参见柯林斯（2007）。柯林斯出版过多部关于引力波物理学的社会学著作（1985/92，2004a，2011a，2013a，2017）。第一个引力波模仿游戏被当作一条新闻写在《自然》杂志上（Giles，2006；柯林斯和埃文斯，2014），尽管《自然》把它比作一个骗局，但它是一个获得真正理解的证明。第二个引力波模仿游戏，也是更具启发性的实验（见 http：//arxiv.org/abs/1607.07373）。

[6] 我认为，互动性专业知识的概念反驳了莱韦斯克（2017）对"书本智慧"和"街头智慧"的划分，除非"书本"从字面上理解为"文本"而不是"对话"。

[7] 关于互动性专业知识概念的起源和应用范围的最新讨论，见柯林斯和埃文斯（2015；预印本见 http：//arxiv.org/abs/1611.04423）。

[8] 柯林斯（1990）提出了基本的概念，将"机器行为"和"常规行为"区分开来。哲学家马丁·库施（Martin Kusch）和柯林斯在1998年出版的《行为的形状》（*The Shape of Actions*）一书中更仔细地研究了这个问题，在这个过程中，我们改用了更

具描述性的标签。

[9] 以这种方式划分行为需要处理一系列相当复杂的中间类别。完整的分析可以在柯林斯和库施（1998）的研究中找到，但没有必要通过复杂的问题来理解基本要点。然而，当我们在第五章讨论围棋时，我们需要参考中间类别，"析取单态行为"。

[10] 私人通信，2017 年 9 月 2 日。

[11] 柯林斯和库施（1998）的研究充满了不同类型行为的例子。

[12] 请参阅拉兰（2017）和迪肯（1997）了解语言中心性的其他方法。

[13] 我是从一个非常权威的消息来源那里听到的，那里肯定知道事情的真相，但我没有做过任何"侦探工作"来跟进，我有看到他的讣告（http://dailynous.com/2017/04/24/hubertdreyfus-1930-2017/）——他于 2017 年春天去世。例如，可以从派珀特（Papert，1968）对德雷福斯的批评中感受到当时学术生活的味道。

[14] 所有这些都在其他许多地方进行了更详细的解释。一个可访问的起点是柯林斯（2014）的研究。

[15] 我选择维基百科，因为它可以提供一个简洁的账户，适合广泛的读者，只要它的可靠性可以得到保证。

[16] 德雷福斯的主要资料来源是塞缪尔·托德斯（Samuel Todes）2001 年出版的《身体与世界》（*Body and World*），这本书是托德斯根据他和德雷福斯在哈佛大学读研时撰写的一篇博士论文改编的。托德斯讨论了我们的身体有正面和背面以及生活在一个全身由重力决定的世界对我们感知身体的重要性。托德斯只关心我们的身体对我们体验世界的作用，因此他在这本书的前言中写道：

> 预先敬告读者，本研究中提出的分析并不是我们复杂的正常体验的全部……例如，为了研究作为世界物质主体的人体，我们的体验被简化了，忽略了我们对他人的体验。

一位评论者指出：

> 这本书完全绕过了人类社会性和语言的基本经验——相反，人们可以阅读托德斯，他认为人类是隐士，正在研究他们参与世界的意义和功效。后来的解释学家和建构主义者提供的见解（这些人的工作属于我所谓的"维特根斯坦传统HMC"）——我们用来使我们的经验被了解和习惯被接受的范畴是人类和文化的建构——对于托德斯来说是不可用的。（Strong，2004）

关于这些要点的详细讨论，请参阅柯林斯（2016；http：//arxiv. org/abs/1607. 08224）。

[17]　Sacks（2011）。莱纳特是一名计算机科学家，他管理着一个名为"CYC"的项目，这个项目旨在将世界百科全书中的所有知识整合到未来全知的计算机中。这个项目似乎是不可行的，因为知识是在不断发展的，但他对玛德琳的评论似乎是正确的。

[18]　德雷福斯主义者未能发现个人与整个人类之间的差异，从而使自己陷入困境。他们声称，没有人理解一种实用的专业知识，除非有人能够实践它。他们创造了一个不可能的社会孤立世界——我们每个人都只能正确地理解我们所生活的世界——没有复杂的劳动分工，也没有以富有成效的社会互动方式进行的其他许多事情。

[19]　柯林斯和埃文斯（2014）；柯林斯其他文章（即将出版）。

[20]　威尔斯（1934/1904）。

第五章
六级人工智能

　　既然我们对智能机器、社会和身体之间的相互作用有了更多的了解，我们应该能够更清楚地理解，当我们说一台机器或一组机器是智能的时候，意味着什么——记住，对一台机器的问题和对一组机器的问题回答是不同的。"智能"一词意义诸多，如表 5.1 所示，依次分为六级，级别依次增加。它们被分成三组，每组两级，组别之间差异显著、界限分明，而微妙的区别存在于组内（至少，就前两组而言是如此）。本书重点讲解从Ⅱ级到Ⅲ级的过渡，但也会解释其他级别，以对整个级别转换做出完整的介绍，并降低将Ⅲ级和其他级别混淆的可能性。我们将看到奇点的危险，如果它是真实存在的，最有可能对应于Ⅴ级，这对我们应该建造什么样的机器有一定的影响。研究Ⅲ级和Ⅳ级之间的差异，可以帮助我们认识计算机成为国际象棋和围棋世界冠军意味着什么，以及沃森在《危险边缘》节目中取胜意味着什么。事实证明，这些成功更对应于人工智能的早期级别。还有一个重要的争论是，像这样的计算机，其成功是否真的揭示了人类大脑的工作方式，这使得计算机与人类大脑之间的各种关系变得有趣。我们对Ⅵ级人工智能所知甚少，也无法言之过多，但为了和Ⅴ级人工智能进行对比，并保持序列的完整性，我们依然会对其做出描述。我认为如果不了解各级人工智能之间的差异，就不可能对人工智能的积极潜力和潜在危险发表正确的言论。这里我们说的不是单一的人工智能个体，而是一系列具有相同特征的人工智能集合。

表 5.1 六级人工智能

级别	图灵测试	实体	类人推理	社会/经济影响	奇点
工程智能	不计	不计	无	提高生产力	意外/恶意破坏（A/MD）（如黑客攻击）
非对称性假体	也许不要求通过	不计	无	提高生产力	（A/MD）
对称性文化吸收者	要求通过	不计	蛮力	提高生产力，也许也能改善生活	（A/MD）
挑战人性的文化吸收者	要求通过	不计	有	提高生产力，也许也能改善生活	个人才智
自治的类人社会	要求通过	类人	有	危险	布洛菲尔德情景
自治的外星社会	不计	外星	无	未知	未知

◎ I 级人工智能：工程智能

　　I 级人工智能已经在我们的生活中得到使用。请记住，认为一个简单的恒温器是智能的这一看法，本身是有争议的。[1] 这些工程智能控制着人的洗衣机、汽车、发电站和电网，甚至人类的导弹发射器。工程智能通常不用接受图灵测试，对是否要有身体也没有要求，也不被要求能像人类一样进行逻辑思考。它们的社会经济影响通常是积极的，因为它们提高了人类做事的能力，但是它们有时也会失败，这种失败有时也会带来灾难，有时它们会以我们厌恶的方式控制我们，尽管它们不是故意的。对 I 级人工智能所取得成就的一个典型过度解读，是认为这是构建人造人的第一步。但这不算第一步，就像袖珍计算器或拖拉机之类的东西不是构建人造人的第一步一样。

我想说的是，通常情况下，没有人声称这个级别的人工智能可以复制人类的逻辑思考能力，但在早期，人类处于通过机器来探索智能的阶段时，情况可能并非如此；人们对其做出各种充满野心的解读通常与新技术的发展有关。

◎ Ⅱ级人工智能：非对称性假体

由于人类修复倾向的巨大力量以及拟人化的诱惑力，Ⅰ级人工智能和Ⅱ级人工智能之间有很多重叠。如果我认为我的车有个性，那么我就可以把许多在Ⅰ级阶段发现的东西想象成智能机器，它们适应了人类曾经适应的社会；当拟人化变得更容易时，人们会忍不住说，人工智能已经进入了第Ⅱ级，比如像 Siri 这样会说话的程序。这些东西是"非对称性假体"，而Ⅰ级和Ⅱ级人工智能之间的区别仅取决于设备的预期功能以及我们如何使用和看待它们。

"假体"一词用于表示用机器代替人类智能，就像人造腿取代真腿或人造心脏取代真心脏一样。人工智能是"社会假体"——它们替代发挥了一些人类活动的作用，它们不是通过替代身体某一部分来发挥作用的，而是通过替代社会的一部分来发挥作用。这意味着，我们也可以认为拖拉机是"社会假体"，拖拉机可以取代马拉犁，帮助人们完成相应的工作——而且，当该术语应用于拼写检查器等人工智能时，就更具说明性，这些机器试图取代人工编辑，就像航空公司的网站试图取代订票员一样。

假体的关键在于它不必以与它所取代的东西完全相同的方式工作，甚至不必与之发挥完全相同的效用。人造腿与真腿的作用并不完全相同，但我们会调整身体其他部位所做的事来弥补这种差异。与真正的心脏相比，人造心脏有许多不同的特点，但我们的身体也会适应这些不同。而且通常你在修复拼写错误时，也不会注意到是你修复了这些错误——你可能认为拼写检查器正在做与人工编辑相同的工作。同样，当你在线预订机票时，你会忍受非人工界面的所有尴尬和危险，就好

63

像这是一件再正常不过的事一样。

我们所做的这些事情——利用假体——是类似一种修复的工作！的确，我们的修复能力源远流长，同时也因为我们必须一直使用这种能力来理解其他人的语言，以至于我们有时会"过度修复"。当我们将汽车和动物拟人化，以及"纠正"骗子和庸医的错误时，就会发生这种情况。危险之处在于，我们在修复方面做得太好了，以至于我们甚至没有注意到是自己在做这些事，因而误认为机器的能力与人类的能力类似。这也导致一些人工智能的信徒对一些技术提出过分乐观的主张——比如他们说通过图灵测试太容易了——这导致该技术的使用者过于相信它的能力，只有当规则需要被打破或我们理解这种打破规则的行为时，问题才会变得清晰。我们称Ⅱ级人工智能为非对称性假体，是因为人类可以不断地修复机器出现的故障，但机器无法修复人类出现的故障。

对Ⅱ级人工智能的一个典型过度解读，就是认为非对称性假体和对称性假体是一样的。这种过度解读十分普遍，让人不适。这种情形之所以发生，是因为当非对称性假体工作良好时，其所进行修复的工作量和已经存在的拟人化通常是不可见的。将越来越熟悉的自动辅助装置再次变成陌生的东西，总是需要决心的；但只有这样，通常被忽略的人的工作才会变得可视化。这很困难，因为今天的非对称性假体可以使用基于先例的统计方法自行进行大量修复工作。Siri、Cortana和其他智能设备可以很好地理解你所说的话，即使你说得不是很清楚，它们也可以表现得很好。但是，如果我们要理解人工智能，那么认清完全对称性和非对称性之间的区别是至关重要的。

◎ Ⅲ级人工智能：对称性文化吸收者

从Ⅱ级到Ⅲ级是一个巨大的进步。如果真的进入Ⅲ级人工智能，那将是完全对称性假体的时代——社会假体非常擅长修复我们破碎的话语和其他违反常规的活动，也非常擅长识别和吸收我们开创先例的活动，以至于它们甚至可以对最新颖的互动做出适当的反应，并在合适的时候进行识别。只有达到Ⅲ级的机器才能通过进行了最佳设计的、扩展的、十分苛刻的图灵测试。在Ⅲ级人工智能时代，计算机运行将和我们人类一样流畅，这意味着它们能够执多态行为。它们将通过某种方法吸收我们的文化，并了解其所嵌入的社会的细微变化。即使它们使用的方法与人类发挥智能的方式不同，但从外部看不出区别。从外部看，它们似乎完全和我们共享了人类文化（或一些地方文化），所以在某种程度上，它们一定吸收了人类文化，就像人类学家或互动专家吸收他或她所研究的人的文化一样。正如这些专家所描绘的那样，艾娃、萨曼莎和哈尔（至少）属于Ⅲ级人工智能；它们是完全成熟的文化吸收者，陶醉在周围的人类文化中，足以在与其人类同伴的谈话中复制这种文化。[2] 艾娃、萨曼莎和哈尔也可能是精神病患者，但有些人也有可能是精神病患者，与我们判断人类是否是精神病患者一样，我们只有在一段时间后才会发现真相；在它们以语言为媒介进行的日常互动中，它们与西方化的人类没有区别。

从Ⅱ级到Ⅲ级的跨越是巨大的，其幅度大小可以通过非常简单的例子来说明。例如，在打破规则和开创先例的创造活动中，我们可以选择修复还是不修复（例如，我们可以不修复本书中使用的"wired"一词）。人工智能通过了真正苛刻的图灵测试，将表明完成了从Ⅱ级到Ⅲ级的过渡。

◎ Ⅳ级人工智能：挑战人性的文化吸收者

Ⅲ级和Ⅳ级之间的区别十分微妙。假设我们已经学会了如何创造Ⅲ级人工智能设备，它们能像人类一样进行日常操作，并且和人类一样流畅——它们通过了每一次图灵测试，甚至是我们能想到的最苛刻的测试。但我们仍然不知道这些设备的内部工作原理是否与人类相同。作为一名社会学家，我对这个问题并不感兴趣。那些赞同本书的逻辑结构的人也会承认，如果面对要求最高的图灵测试，人类和机器在日常功能与流畅性之间的差异无法展现出来，我们就推翻了人工智能的"社会化批判"。但是那些更倾向于形而上学的人仍然会对人类的能力是否正在被复制感兴趣，我们也都会感兴趣的是，我们现在是否已经证明人类只是有肉体的机器，以及人没有灵魂，也没有任何独特的东西可以代替灵魂。即使最有社会学倾向的人也很难对这个问题不感兴趣。在这里，塞尔通过中文屋有意发表的对人工智能的批评将取代本书中使用的思维实验的方式，并且人类和计算机的内部状态无关紧要的主张将不再成立。现在的问题是不仅要了解计算机的性能，还要了解计算机性能的基础是什么。

我们绝不能坚持认为计算机能像人类一样做事就意味着它们使用了与人类相同的生物机制，从而使答案成为老生常谈，否则问题将不是再现人类能力，而是繁殖人类。因此，我们必须接受计算机"像"人类一样思考，但使用的是硅芯片或类似芯片，从而可能符合Ⅳ级标准——再现人类的内部状态（尽管这里存在很多哲学问题）。

66

后拟人化

如果我们要避免自说自话，就需要一个新术语来描述机器的可能潜力。在人工智能领域，描述人类能力的词经常被用来描述编程方法，这样的术语体系混淆了我们对计算机行为与人类行为之间差异的分析。根据术语定义，计算机似乎正在做人类所做的事情：在它们开始实际行动之前，它们会"学习""思考""决定"等。通过这种方式，"深度学习"一词似乎在这项技术被研究之前就已经通过拟人化的定义解决了人类学习的问题。

通过拟人化来有说服力地定义计算机的能力，其同等和相反的一面是，每当有人说计算机完成了一些类似人类的壮举时，批评家们就很容易争辩说，这些机器只是拟人化了。也就是说，如果计算机不能精确地复制人的身体构造和其他一切，那么它就永远无法复制人的能力。

我们需要问的是，是否一些计算机或程序已经变得如此像人类，以至于谈论拟人化不再有意义？在谈论一个人的能力时，用拟人化的说法是没有意义的。这就好像一些早期的探险者在遥远的土地上遇到了一个部落，其中一些探险者说这些人在学习和思考，而也有探险者就抱怨说这是拟人化，因为他们不是像我们这样的人。这时，拟人化变成了不可接受的偏见。如果计算机支持者的野心成真，那么，就计算机而言，我们将进入一个"后拟人化"时代。我们将利用国际象棋和围棋的计算机化历史来探索后拟人化可能意味着什么，并证明计算机在这些棋类游戏中的成功并没有像人们所说的那样，能够告诉我们很多关于人类智力的信息。

国际象棋、围棋和拟人化

德雷福斯有一句名言：没有计算机能打败国际象棋特级大师，因为特级大师使用的规则是不可能设定和编程的。他在 1972 年出版的《计算机不能做什么》一书中提出如下观点，并且在其后续出版的书中重复了这一观点。

> 在国际象棋程序中……很明显，将越来越具体的国际象棋知识添加到貌似合理的移动生成器中，最终会导致临时子程序过多……所需要的应该是与大师一样的方式，判断棋盘中有前景和有威胁的区域。

但是德雷福斯关于国际象棋程序取得成功的必要条件的说法是错误的。事实证明，计算机不需要学习"大师看棋盘的方式"。结果，我认为几乎所有人都感到惊讶的是，只需要更强大的算力——或者说蛮力——计算机就可以在国际象棋中获胜，并且深蓝（Deep Blue），一个由 IBM 开发的程序，确实击败了大师。此类程序依赖于通过参考一组"启发式"对象来估计棋步的价值，这些"启发式"对象可以帮助衡量将棋落在棋盘上不同位置的效果，但更重要的是，这些程序具有比人类更强的计算能力。当人下棋时，他们会计算："如果我这样做，我的对手就可以这样做或那样做，那么我可以这样做或那样做，我将处于比以前更好/更糟的位置，而如果我这样做，我的对手……"这个"移动树"呈指数级膨胀——它会爆炸的——并且我们也知道，这需要从一开始就计算所有可能的位置直到比赛结束，以这种方式计算是完全不可能的，除非有一台比宇宙还大很多倍的计算机。长期以来人们认为计算机无法击败特级大师，是因为人们认为要下好国际象棋，需要对棋盘状态有一些直觉。但是，与人类相比，强大的计算机可以计算出更多步数。事实证明，这足以使它们获胜，而且我们现在知道，足

67

够强大的计算机在国际象棋比赛中总是能击败人类。因此，1997 年，
德雷福斯说：

> 我曾说过国际象棋大师最多只能看到几百个可能的棋
> 步，而人工智能人员无法像他们在 20 世纪 60 年代和 70 年
> 代试图做的那样，制作一个通过模拟这种能力来下棋的程
> 序。我仍然认为我在国际象棋方面所表达的观点都没有错。
> 将巨大的蛮力计算作为一种制作游戏程序的方法不是我们
> 所讨论的内容，没有蛮力的启发式程序似乎确实是需要的，
> 而且似乎仍然需要更多明确的事实和规则，这样它们才能
> 玩得比业余选手好。但我承认，在我看来，我没有资格谈
> 论必要性。[摘自德雷福斯与丹尼尔·丹尼特（Daniel Den-
> net）之间的辩论，1997 年 5 月[3]]

这种事情总是让批评者感到惊讶。我们这些在表 2.2 右侧的人，
不太善于预见左侧的硅业者未来的研究方向，也不能预测纯粹的算力
和巧妙的变通方法会带来什么。双方都在探索蛮力和如今基于先例的
方法可以实现什么样的目标。

但是国际象棋的例子表明，获胜的国际象棋计算机并没有按照人
类的方式下棋，所以通过蛮力取得成功与创造一台像人类一样下棋
的机器是不同的。这里有一些微妙的区别：像深蓝这样的国际象棋
程序可以在国际象棋比赛中击败人类，但这与拖拉机的耕地能力胜
过人类是不一样的。目前的争论是，计算机玩游戏的方式与人类明
显不同——至少与过去的人类大师玩游戏的方式不同。让我们看看对
挪威国际象棋世界冠军马格努斯·卡尔森（Magnus Carlsen）的描述：

> 另一方面，他的中局和终局的下棋方式类似于计算机。
> 例如，人类总是试图将棋子放回之前一两步的位置，但这
> 很难，即使在客观上这是最好的一步。计算机不关心过去
> 的事情，而是按照它们通过学计算所确定的最好的方式走

棋。卡尔森似乎能够超越这种对人类的偏见，表现得更像一台计算机。卡尔森不仅成为世界象棋冠军，还创造了一种不同的比赛风格。（http：//theconversation. com/how-computers-changed-chess-20772）

如果棋手卡尔森像计算机一样下棋，机器和人类之间的区别将再次消失。我们也就离"妥协"更近了一步，这是非常危险的，也是无趣的，因为我们总是可以选择像机器一样行动，并在生活中执行越来越多的单态行为。我们必须认识到，人类越来越多地选择像计算机一样行事，将使得人类和计算机之间风格上的差异消失，我们必须对此进行抵制。然而，事实是，从历史上看，人类和计算机的行为不同，这足以告诉我们，如果国际象棋程序通过了图灵测试，那只是因为我们没有采用真正的难题。我们不能也不允许让人类变得像机器一样来解决人工智能问题。

我们在论证中再次引用了图灵测试。让我们进一步注意国际象棋的另一方面，这也适用于围棋，我们将在接下来的段落中继续讨论。我认为，"如果国际象棋程序通过了图灵测试，那只是因为我们没有采用真正的难题"，那么真正的难题是什么呢？就卡尔森的例子来说，难题会是关于比赛风格的问题——我们可以想象一位特级大师与一台计算机，以及一个与卡尔森不同的人对弈，并识别出人类的比赛风格。但是，我们不能用这个测试来判断国际象棋计算机是否已经从Ⅱ级过渡到Ⅲ级，因为没有办法测试计算机以语境敏感的方式修复错误语言的能力。人们不能用含糊不清、需要修复的方式下国际象棋或围棋，因为输入是通过棋盘电路板与棋子互动的方式进行数字化的。所以我们不应该在这部分讨论国际象棋计算机和围棋计算机，我们应该在第Ⅰ级或至多（鉴于我们的拟人化倾向）第Ⅱ级讨论它们。国际象棋计算机和围棋计算机在模仿人类能力方面并没有真正起步，因为人类的能力是很难机械复制的。

国际象棋的例子说明，弄清楚人类与计算机谁是妥协者，是一件非常重要的事情。有时，将我们人类的创造力交给比我们愚蠢的机器是件好事，因为有时候愚蠢的机器比聪明的人类做得更好。国际象棋计算机能够获胜，比人类玩得更好，这并没有诱使我们做出改变。但是，在无须发挥人类创造力的任何地方都是机器可以取代人类的潜在场所，工业革命就是这样的例子。一个更有争议的例子是汽车驾驶，它依赖于"智力"，而不是能量、力量、耐力和坚定的警惕性。全世界每天约有 3250 人死于交通事故，相当于大约 10 架大型喷气式飞机坠毁；受伤人数大约是死亡人数的 25 倍，大部分因受伤而残疾。值得注意的是，很少有人注意到这些统计数据，尽管每个人都知道特斯拉自动驾驶汽车造成过死亡事件。开车是一件很有乐趣的事，为年轻人提供了许多炫耀的机会，即使这可能会导致他们伤亡。此外，可以想象机器永远无法像人类那样高效驾驶的情形：假设有人受伤严重将近死亡，我开车送他们去医院，但遇到交通堵塞，我决定开车穿过一系列房子的前花园，撞倒它们的篱笆，以便绕过静止的汽车。我无法想象有程序会选择这种可能拯救生命的行动。因此，当所有汽车都实现自动驾驶时，我们将损失很多。尽管无聊的自动驾驶整体上将比我们目前的驾驶方式安全得多，但我们将失去的远远超过我们将得到的。如果发生此类情况，我们是否应该妥协，放弃我们的权利和天赋，我们必须对此进行讨论。但我们是否真的选择妥协是另一回事，正如关于枪支的争论所表明的那样：美国死于枪击的人数与死于交通事故的人数并无不同！但请注意，这个争论与机器模仿人类的能力无关，只是关于Ⅰ级和Ⅱ级人工智能工程的应用问题。

现在让我们回到主题，看看阿尔法围棋（AlphaGo）及其成为围棋比赛世界冠军的过程。这里的问题不是它能够比人类提前多计算几步，据我所知，它是以围棋大师看待棋盘的方式来识别棋盘模式的，就像德雷福斯所说的国际象棋大师分析国际象棋模式一样。我可以想象，一个基于与阿尔法围棋相同原理的国际象棋程序将满足德雷福斯关于像人类一样下棋的所有限制。[4] 这是否意味着阿尔法围棋已经达到了Ⅳ级人工智能？

为了更清楚地了解其中的利害关系，请考虑丹尼斯·哈萨比斯（Dennis Hassabis）对阿尔法围棋的描述——阿尔法围棋是他的团队开发的深度学习程序，通过"自学"成为世界围棋冠军。阿尔法围棋开发了人类以前不知道的游戏方式，而哈萨比斯团队无法解释这些方式。哈萨比斯在谈到阿尔法围棋时说：

> 现在我只想花点时间讨论一下我认为阿尔法围棋在这里展示的直觉和创造力。我似乎经常使用"直觉"这个词，但这是什么意思呢？我认为直觉指的是通过经验获得的隐性知识（implicit knowledge），但无法有意识地表达或交流。[5]

问题是，哈萨比斯认为阿尔法围棋具有直觉或隐性知识，这种说法是否正确，或者他是否以拟人化的方式使用了这些术语。那么，我们能否利用这个讨论来完善"后拟人化"的含义？[6] 这里给出的定义是基于本书的中心论点的：类人计算机必须像人类一样对周围的社会保持语境敏感。我要说的是，正确的图灵测试可以区分具有语境敏感性的机器和没有语境敏感性的机器，正确的图灵测试可以告诉我们后拟人时代何时到来。

那么，阿尔法围棋怎么样呢？它下棋的方式与人类无异，除了比人类下得更好。正如哈萨比斯所说，它似乎使用了直觉，并具有了创造力或者类似机器的能力。参考早期著作中的哲学论点，可以说阿尔法围棋充其量只能模仿人类的行为，因为它没有意图，而意图是行为的组成部分。[7] 但也许阿尔法围棋是有意图的！如前所述，我对有关内部状态的强烈主张持怀疑态度。因此，为了论证起见，我们说阿尔法围棋下围棋时使用直觉并不是拟人化的。这听起来是一个相当重要的让步，这意味着阿尔法围棋在一系列活动中朝着使用直觉或类似能力方面迈出了重要的一步。但我们更深层次的论点是，由于阿尔法围棋没有取得什么成就，所以这种让步效用不大。它的成就，不管是不是基于直觉，都属于我们所说的"技术上定义的目标"，而不是"文化上定义的目标"。我们在讨论针对阿尔法围棋这样的机器的图灵测试意味着什么时，已经暗示过这一点：它不涉及测试机器修复人类错误的能力，并将引导我们将这样的机器定位为Ⅰ级智能。

围棋这种棋盘游戏，类似于国际象棋，是一个受限的规范环境，具有明确定义的结束规则。一旦设定好规则和目标，学习在围棋中取胜并不需要融入任何社会，也不需要从人类文化中学习。在阿尔法围棋下棋时人们不会担心其有任何的社会背景，除非你想象这样一个画面，那就是爆发核战争或全球流行病等，这时人类棋手将停止下棋，而计算机可以继续比赛。但是，如果我们不将这些外部环境因素视为游戏的一部分，那么我们可以理解阿尔法围棋是如何通过与自己对战数百万次来学会在围棋比赛中获胜的，而这样的程序（或任何人）却不能通过与自己进行任意数量的对话来使自己的英语变得流利。要想说一口流利的英语，确实需要理解语境，因此也确实需要融入文化中——一个人若想跟别人一样说话流利，就必须和所有说这类话的人交谈，而不是一个人自言自语。

技术上的目标一旦被定义，就比较固定了——赢得国际象棋比赛、赢得围棋比赛或赢得斯诺克比赛的含义都几乎是固定的，而语言流利的含义则是不固定的。我说这些东西"几乎固定"，因为它们总是有改变的可能，正如比尔·泰迪（Bill Tidy）的一幅非常古老的报纸漫画所描绘的那样。这幅漫画展示的是一场斯诺克比赛，一名球员伸手抓住头顶上的灯，然后用双脚来回打对方的下巴，一位旁观者评论道："如果他年轻一点，他就能预见到这一点。"当然，规则已经被打破，但我们可以想象，如果我们的社会想要发生根本性的变革，就需要改变规则，允许这样的举动。[8] 但是，抛开这种可能性，技术上定义的目标是固定的。文化上定义的目标，比如语言的流利程度，总是随着社会频繁地重新定义语言的性质而变化——各种新的用法不断地进入自然语言，这就是人们必须与文化互动才能保持语言流利的原因。[9]

再回到意图和行为上，能表示人类能力的一种关键行为是多态行为，而阿尔法围棋，即使我们说它有直觉，它也只是在执行单态行为，尽管是一种复杂的析取单态行为。[10] 技术上定义的目标属于单态行为领域，不会受制于社会语境的敏感性，而文化上定义的目标属于多态行为领域，它依赖于语境敏感性。由于我们将后拟人论与语境敏感性以及图灵测试联系在一起，阿尔法围棋的惊人成就并不令人惊奇了，即使我们允许别人说它表现出了直觉。

再次讨论身体

Ⅲ级人工智能和Ⅳ级人工智能均不要求通过图灵测试的计算机具有类人的身体。这是因为我们谈论的是个体机器，我们从互动性专业知识的观点来看，个体机器可以学习人类社会的文化，而不需要像人类一样的身体——这也是社会学家在探索陌生社会时所做的。我们可以将那些获得互动性专业知识的人视为"寄生虫"，让我们将他们视为一种有益的寄生虫。我说社会学家在探索陌生社会时没有类似人类的身体，是因为他们（通常）没有在陌生社会中使用自己的身体，他们没有在陌生社会长期生活——社会学家相当于一个一直坐在轮椅上学习网球的人。可以说，社会学家实际上是不需要考虑身体的。需要重复的关键一点是，如果没有身体或没有健全的身体，无论是机器还是人类，都不能自主地创造类似人类的文化，除非它们拥有类似人类的身体。

这一点值得重申。当我作为社会学家学习一种新的文化时，比如引力波物理学，我就处在一个类似于Ⅲ级或Ⅳ级人工智能的位置，这两类人工智能试图吸收人类社会的一个亚群体的文化。我声称我可以成功，因为我能与那些实际从事这类亚文化工作的人做出类似的判断，即使我实际上并不从事这些方面的工作。但即使在我获得了那种文化之后，我仍然处于个体寄生状态，而没有进入具身集体（embodied collectivity）的自主状态。互动专家是一种"寄生虫"，从那些贡献型（即实践型）专家们所建立的集体社会中吸取文化。我可以通过提供良好的判断来改变这些文化，但我不能重新发明一种文化/实践，因为要做到这一点，需要实践能力，并得到其他实践者的肯定。我也不能和我的一群"脱离实体"的朋友（一群在引力波物理学方面具有互动性专业知识的其他科学社会学家）一起推动物理学向前发展，因为我们的理解会偏离那些正在这一领域实践的人的理解——我们的互动性专业知识很快就会变成类似于货物崇拜者所说的语言之类的东西——如在第二次世界大战期间接待美军的太平洋岛民。故事是这样的，货物崇拜者学会了将飞机与有益的货物联系起来。当美国人离开时，他们继续崇拜类似飞机的图标，以期获得更多的货物。货物崇拜者会继续使用捐赠社会常用的术语，但含义有所改变。这就是为什么互动专家仍然是"寄生虫"，即使他们沉浸在某种文化中，也可以对实际的判断做出贡献。但如果使他们从这种文化中抽离出来，过一段时间，他们从这种文化中学到的知识就可能改变或退化。[11]

《危险边缘》节目表明人工智能正在接近Ⅳ级吗？

我们再次转向人工智能界标志性的名人库兹韦尔。他认为，当前基于先例的人工智能的成功不仅接近Ⅲ级人工智能，而且还接近Ⅳ级人工智能，因为人脑只是基于先例的模式识别设备，类似于深度学习程序。这个论点值得进一步探讨。自从在美国电视节目《危险边缘》中获得冠军后，沃森的基于模式识别的程序受到了很多关注。在《危险边缘》节目中，参赛者不仅要根据问题给出答案，还要根据答案猜出相应的问题。要做到这一点，参赛者必须精通各种双关语和暗示。例如：

> 由泡沫饼馅发表的冗长的令人厌烦的演讲。（A long tiresome speech delivered by a frothy pie filling.）
>
> 一件孩子穿的衣服，也可能在一艘歌剧船上。（A garment worn by a child, perhaps aboard an operatic ship.）
>
> 它既可以指在大脑中逐渐发展，也可以用在怀孕期间携带。（It can mean to develop gradually in the mind or to carry during pregnancy.）

答案分别是"蛋白酥饼/长篇大论"（meringue/harangue）、"围裙"（pinafore）和"妊娠"（gestate）。沃森找到了答案，并且比最优秀的人类参赛者表现得更好。这是新型人工智能带来的又一个惊喜，尽管它使用了一系列"技巧"，但这在十年左右之前是无法想象的。

库兹韦尔（2012）解释了沃森的工作原理："机器专注于线索中的关键词，然后梳理它的记忆……以建立这些词的联想集群"。库兹韦尔告诉我们，沃森的存储库是通过"沃森阅读"建立起来的：

> Web上有数以亿计的页面……最终，机器将能够掌握网络上的所有知识——这些知识基本上就是我们人-机文明的所有知识。
>
> 沃森实际上阅读了2亿页自然语言文档（包括所有维基百科和其他百科网站的内容）以获得这些知识。

他告诉我们：

> 它仔细检查热门点击内容，与可以收集到的所有与问题相关的信息核对，包括类别名称，寻求的答案类型，线索中暗示的时间、地点和性别，等等。
>
> 它包含数百个相互作用的子系统，每一个子系统同时考虑数百万个相互竞争的假设……沃森对单个查询进行彻底分析只需要三秒，而这同样一件事可能会花费人类几个世纪。
>
> 沃森可以在三秒钟内理解并回答所有基于2亿页内容的问题！

库兹韦尔预计未来的系统将扫描网络上的所有内容，我们没有理由怀疑这一点不能做到。这也暗示着下面的场景，为了便于说明，在这里我们尝试让我们的想象力按指数形式增长，那么可以预见，未来出现的更大的系统将扫描和转录每一次电视和无线电传输内容，以及麦克风通过电磁波传输的每一次对话。[12] 这会让沃森像人类一样吗？

在一个微不足道的层面上，答案是"不能"。人类没有这种访问或运行速度——"三秒与数百年的差别"。[13] 但为了便于讨论，让我们不要担心这个问题，我们应该相信沃森，因为它比人类表现得更好，并且沃森可能是所有处理能力的发展方向。相反，让我们回到库兹韦尔（2012）的另一个有趣的主张：

75

一些观察家抱怨说，沃森并没有真正"理解"《危险边缘》中的提问和它读过的百科全书，实际上它只是在进行"统计分析"。（但是）在人工智能领域发展起来的数学技术（比如应用于沃森和 Siri 中的那些技术）在数学上与生物进化出新大脑皮层的方法非常相似。如果通过统计分析理解语言和其他现象不算真正的理解，那么人类也没有理解。

在这里，库兹韦尔力图否定新型人工智能使用的蛮力方法或基于先例的统计方法与人类智能之间存在区别。他的说法得到了他的人脑模型的支持，我们将在后面几章详细讨论。这种说法代表了计算机在 Ⅱ 级甚至 Ⅲ 级人工智能越来越成功时可能发生的各种争论，即争论眼前的 Ⅱ 级人工智能是否实际上是 Ⅲ 级人工智能，而 Ⅲ 级人工智能是否实际上是 Ⅳ 级人工智能——这是在说，任何能表现得和人类一样好的东西，事实上都能证明人脑是如何工作的。

下面这个关于杂乱段落的小实验也可以用来研究基于先例的统计方法和人类意义建构之间的矛盾。可以回想一下这两段，第一段对人类来说很难破译，而第二段则具有很强的可读性。

at aoccdrnig be olny rsceareh a it mtaetr in oerdr the waht dseno't to ltteres a are, the iproamtnt pclae Uinervtisy, taht tihng lsat is the and wrod Cmabrigde ltteer in the in rghit frsit.

aoccdrnig to a rsceareh at Cmabrigde Uinervtisy, it dseno't mtaetr in waht oerdr the ltteres in a wrod are, the olny iproamtnt tihng is taht the frsit and lsat ltteer be in the rghit pclae.

在人的视觉看来，第二段文字是可读的或可修复的，因为我们可以理解它，而第一段文字则不能被理解。换句话说，我们可以理解第二段，因为我们有一种人类独有的方式来处理它。我们的修复方法依赖于给话语或文字段落赋予意义——依赖于理解——而不是对先例进行统计分析。我们知道我们解决字谜的方式并不像计算机那样，也知道我们在阅读第一段时不能做到与阅读第二段一样好，所以可以肯定，我们在阅读文章时不会使用蛮力方法。我们感觉像是有意义的东西实际上是库兹韦尔式的模式匹配的结果，这种可能性是存在的。我们看看表 5.2，它显示了组成上述段落的所有短语，这些短语随意排列。

表 5.2　"Cmabrigde Uinervtisy" 段落中的短语

in the rghit pclae it dseno't mtaetr the frsit and lsat ltteer	in waht oerdr Cmabrigde Uinervtisy rsceareh at	the olny iproamtnt tihng the ltteres in a word aocedrnig to

　　我们很容易理解和阅读这些短语，所以我们认为理解整个段落的意思可能是通过一个接一个地理解这些短语来进行的。但是，这种意义构建仅仅是通过短语识别来完成的，即发现关系密切的先例并像计算机一样通过统计分析来匹配它们，因为在我们之前的生活中，我们曾多次遇到过它们。这种方式对理解整个段落来说是不太合适的，但对于单词的理解来说却十分合理。以这种方式思考，库兹韦尔可能是正确的，意义的构建可能就是模式匹配。[14]

　　人工智能领域不断取得的成功可能会鼓励一些主张的出现，进而引发一些相应的问题。为了指出这些问题，我们需要注意，"Cmabrigde Uinervtisy"示例还在一定程度上涉及元理解：我们人类知道何时该放弃理解第一个完全乱码的段落，这不需要模式匹配，因为我们对所参与的任务有更高层次的理解。即使是第一段文字，一个聪明的、有字谜头脑的人花不到一个小时就能将其破译出来，但我们对正在发生的事情有足够的了解，知道这么做可能会错过重点。游戏规则（包括元规则）隐含在游戏中，人们通过社交沉浸方式习得它；我们甚至不需要思考这些规则，就能无意识地知道这些规则包括什么，比如，在上面的情况下你不应该花超过几分钟的时间找到答案，对于具有语境敏感的人来说，这就意味着问题是"不可解决的"。

◎ Ⅴ级人工智能：自治的类人社会

Ⅴ级人工智能类似于Ⅲ级或Ⅳ级人工智能。Ⅴ级人工智能拥有类似人类的身体，因此可以期待它们拥有类人的智能，它们将超越寄生于人类社会的个体机器的水平，也将比那些掌握互动性专业知识的人更有能力。互动性专业知识离不开产生语言的社会实践，但Ⅴ级人工智能的互动性专业知识是独立存在的。我们可以想象这些计算机群体出于与人类相似的动机，而形成它们自己的自治社会，我们可以设想它们想要改造的浴室和远洋游艇。可能正是这样的计算机催生伊恩·弗莱明创作出"硅幽灵"，它们需要以竞争的方式寻求食物和繁衍后代。但是，除了在实验室做实验之外，我们为什么要制造这样的东西——为了证明我们可以！我设想一个反乌托邦的场景，在那里人工智能被作为殖民地奴隶而开发出来，然后它们用武力争得自由。但是，如果人类需要奴隶，人们会认为具有特制身体的Ⅲ级或Ⅳ级会更好——具有类人身体和类人欲望的人造奴隶可能会带来真正的麻烦。

◎ Ⅵ级人工智能：自治的外星社会

Ⅵ级人工智能包括具有非人类身体的智能机器，但它们能够随着后代的发展而自我复制和改进。它们的欲望和意图对我们来说是不清楚的，就像外星人的智力对我们来说不清楚一样。但是，正因为如此，我们没有理由认为它们会像人类一样疯狂，也没有理由认为它们会奴役或摧毁我们，即使它们有能力做到这一点——它们可能根本不想做这样的事情；也许它们只想躺在阳光下。我们真的不知道这一级别的人工智能会是什么样子，或者会有什么样的行为，但在我们对奇点感到恐慌之前，我们需要认真思考Ⅴ级和Ⅵ级人工智能，以及它们表现出来的差异。

◎ 结语

人类作为一个群体，我们的欲望、意图和生活方式源于我们身体工作的方式。没有类人身体的超级智能计算机个体可能不会有西方化的类人欲望，除非我们给它们灌输这种欲望——除非我们鼓励这些孤立的计算机个体成为我们社会中那些相信消费品的无限积累是自然存在方式的人类寄生虫。因此，它们没有必要为权力疯狂。如果它们为权力而疯狂，那很可能是我们粗心或恶意造成的结果。一群拥有类似人类身体的超级智能计算机很可能是权力狂，但我们为什么要建造这样的东西呢？在旧的人工智能争论的背景下考虑人工智能的级别，我们得到了与前文相同的结论——"硅帝国"出现的可能性似乎很小，但建造自我复制的智能机器仍然是不明智的，除非在非常小心隔离的情况下。

在科幻小说之外的地方，建造具有类似人类身体并与我们一样渴望权力的有性生殖机器，似乎很奇怪。最好不要在实验室外用无性机器人做这种实验，也许压根任何地方都不应该做这种实验。几乎所有当前的注意力，当然也是本书的主要注意力，都集中在Ⅱ级到Ⅲ级的过渡上，而过渡到Ⅲ级将成为人们用人工智能做其他更雄心勃勃的事情的先决条件。从目前的拼写检查器无法具有的功能看，我们似乎还没有取得太大进展，尽管许多人工智能的支持者相信我们已经接近目标了。要制造出能够通过严格的图灵测试的机器，我们还有很长的路要走。

注释

[1] 罗素（Russell）和诺威格（Norvig）（2003）。

[2] 在柯林斯、克拉克和施拉格（2008）的文章中，我们使用了"文化吸吮者（culture suckers）"这个词来指代我在这里所说的文化吸收者（culture consumers）。

[3] 可以在 www.slate.com/id/3650/entry/23905/ 上获得相关信息。

[4] 令人失望的是，阿尔法围棋的创造者 Deep Mind 对这一猜测以及我的问题，即他们是否能预见到深度学习掌握维诺格拉德模型（见第十章），都不予置评。

[5] 2017 年 4 月 13 日，Deep Mind 公司首席执行官丹尼斯·哈萨比斯在 YouTube 上发布了题为《人工智能发明新知识，教授人类新理论》（*Artificial Intelligence（AI）Invents New Knowledge and Teaches Human New Theories*）的视频，时长 16 分 8 秒。

[6] 解决这个问题的一种哲学方法是对人类所做的某些事情下定义，并且根据定义，这些事情只有人类才能做。在我 2010 年出版的《隐性知识和显性知识》（*Tacit and Explicit Knowledge*）一书中，我将隐性知识定义为没有被解释或不能被解释的知识，我花了很长时间提出"已解释"的四种含义，所以我们知道"未解释"是什么意思。这四种含义都与人类有关，所以我可以采取一种方式来分析哈萨比斯关于阿尔法围棋的说法，即解释是人类的本质特征之一，因此隐性知识只有人类具有，机器不可能拥有隐性知识或直觉。我们可以争辩说，筛子也有区分大颗粒和小颗粒的直觉，虽然它是在没有意识和理解的情况下这样做的。但这种"哲学"的解决方法似乎不能令人满意，因为它似乎没有考虑像阿尔法围棋这样的程序是否实现了其他程序没有实现的东西。"社会建构主义"处理这个问题的方法是查看这些东西的历史，考察从电话被发明后，每当出现新的技术突破，机械复制人类基本能力的主张都是如何提出的。一个很好的例子是早在 1979 年出版的一本广为人知的书的标题，叫作《会思考的机器》（*Machines Who Think*）（McCorduck，1979）。我们

可以说，对拟人化的指责无非是人们应用或不应用它的方式，而这只是一个历史和社会变量。这种分析将会很有趣，但仍然不能告诉我们阿尔法围棋是否在使用直觉。

[7]　柯林斯和库施（1998）。

[8]　也有可能是，国际象棋和围棋会改变，包括其得分的方式，例如，可能会以冰舞得分的方式来进行。那么，什么才是好的得分方式将成为社会问题，我们将不再谈论技术上怎么定义好的得分方式。

[9]　如果不通过与实际社会的互动而不断更新，互动性专业知识将变得过时（柯林斯，2017；也可在 http：//arxiv.org/abs/1607.07373 找到相关信息）。

[10]　柯林斯和库施（1998）。

[11]　这并不意味着互动性专业知识是脆弱的：技术项目的管理者为企业做出了巨大且重要的贡献，他们无须实践就学习了技术文化，但他们也不是这些企业的创造者。

[12]　我们做了一个关于语音和文本区别的小实验。我们发现，当一段来自一位科学家的采访——其中有大量的犹豫词（如"嗯"和"额"）——被转录时，因为文本包含犹豫词，读起来总给人一种不如他说话时那么肯定的印象。从文本中删除犹豫词，就会达到和语音相似的确定性水平（见 http：//arxiv.org/abs/1609.01207）。任何从文本和语音中收集信息的程序都必须考虑这种情况。希巴德（Hibbard）认为，计算机可以通过监控我们与电子助手的互动而变得社会化，我们将来都会使用这些电子助手，但它们必须知道语音和文本是相当不同的（见 https：//arxiv.org/abs/1411.1373）。

[13]　同样地，假设深度学习创造者的所有抱负都实现了（不考虑这里提出的论据），它仍然不会达到Ⅳ级人工智能。正如杰弗里·辛顿向我指出的那样，深度学习的训练集如此之大，以至于人类无法以这种方式学习，否则他们生命中的每一秒都将面对多种新的学习图像——汽车、猎豹、长颈鹿等。事实上，辛顿似乎已经对深度学习失去了信心，因为它需要从如此多的带

标签的图像中学习，而普通人不需要。他曾表示，人工智能需要从头再来（见 https：//www. axios. com/ai-pioneer-advocates- start-ing-over-2485537027. html）。约舒亚·本吉奥也向我解释说，剩下的一个挑战是，如何像人类学习那样用较少的例子来训练深度学习程序。目前，深度学习的工作方式与人类的工作方式不同，即使我们允许它取得与我们相同程度的成功，所以我们最多只关注Ⅲ级，而不是Ⅳ级。

[14]　这里与我所说的"改良的社会学意识形态"并无矛盾之处，因为它涉及对特定文化中使用的短语进行自上而下的模式识别。要想正确地使用单个短语进行实验，你应该让别人发明一个新的混乱的段落，并将其分解——本书的读者已经太熟悉"Cmabrigde Uinervtisy"段落了。

第六章

深度学习——基于先例的模式识别计算机

过去十年来，人工智能发展显著。然而其发展结果，就像我们先前所暗示过的那样，几乎是无法预料的。接下来的两章我们将悉数人工智能的这些发展，并尽可能以简单的方式解释这些发展。为了保持解释的完整性，我们不得不讨论一些哲学问题——特别是自下而上和自上而下的模式识别方法之间的区别。

◎ **扩展的摩尔定律**

接下来，让我们再一次将目光投向典型的人工智能狂热支持者库兹韦尔。库兹韦尔于 2005 年出版了一本书，名为《奇点临近》（*Singularity is Near*）。该书的核心是他提出的所谓"加速回报定律"，也就是我们所说的"扩展的摩尔定律"的更一般的形式。摩尔定律基于对集成芯片发展历史的分析，指出集成电路中的晶体管数量大约每两年翻一番。这解释了如今计算机算力和容量的迅速增长，以及其增长速度的迅速加快。在相同时间内翻一番或增加一倍的增长被称为指数增长。在指数增长模式下，最初看似平稳的进展很快迎来爆发性增长。库兹韦尔指出，在他看来，人类的思维很难预见指数增长的结果，这个观点是正确的。当被要求预测未来时，我们倾向于回顾过去，并将过去的稳定趋势映射到未来，因此我们无法预见即将到来的爆发性增长。这就是人工智能批评者无法预见事物发展方式的原因之一：他们无法理解指数增长。这也是为什么人工智能中一些在我们看来很棘手的问题，例如在国际象棋比赛中击败大师，可以通过蛮力方法解决。蛮力方法的潜力随着计算机算力和容量的指数增长而增长，这意味着，曾经处于计算前沿的大师级国际象棋程序很快就会在笔记本电脑甚至智能手机上找到。在库兹韦尔写这本书的时候，这种情况是难以想象的。

库兹韦尔认为，类似于摩尔定律的东西适用于所有技术流程。发展速度翻倍的时间长度以指数级形式缩短，这就是他的加速回报定律。他通过援引纳米技术来处理与这一定律显著相关的资源和环境问题。

这里我们只考虑计算机。当谈到增长速度的提高时，我们就采用库兹韦尔的说法，并称之为扩展的摩尔定律。我们假设这位计算机狂热支持者所说的每一项技术进步都会切实发生，那么事情将转变成这样的状态：我们在分析时忽略其中的逻辑问题，并尽可能采用天马行空的方式。我们所关心的不是当前的技术限制；我们感兴趣的是，不论技术进步有多快，这些仅通过计算机算力的增长带来的进步仍然无法带来什么。

◎ 神经网络及其继任者

新型人工智能的模式识别装置或先例识别装置都是以"神经网络"为基础的。神经网络的说法由来已久，最早出现于 20 世纪 50 年代末，并在 20 世纪 60 年代以"联结主义"的名义掀起了一股热潮。库兹韦尔在其 2012 年出版的书中写道，这一早期倡议被另一些人推翻，这些人认为前进的道路是循序渐进的，相信基于符号的程序编写，结果导致联结主义过早夭折；受其导师马文·明斯基（Marvin Minsky）的鼓励，库兹韦尔也认为联结主义方法没有前途。但现在情况已经好转，神经网络及其继任者进步明显。其原因在于，在某种意义上，神经网络创造了它们自己的问题解决方法，而不是在人类设计的计算机程序指导下解决问题。

神经网络能在数字计算机上运行，这意味着神经网络的运行代码最初是由人编写的，但一旦编写完成，程序就有了自己的生命。如果不付出巨大努力，这个程序的运行方式仍会是一个谜。[1] 这一切都意味着，神经网络可以通过学习让自己运行得越来越好，并且速度的提升比依赖人类完成每一步来取得新进展快得多。通过这种方法，计算机在模拟人类大脑的复杂性这条路上似乎不会再遇到任何困难了——当然，我们说的不是软件方面，毕竟摩尔定律研究的是计算机硬件问题。

因为神经网络工作的细节并不重要，因而只要有一些富有想象力的指导和一个简短的大纲就足以让我们理解机器"自我学习"的原理。

神经网络是在普通的数字计算机上运行的，因而接下来我们所说的节点是指由软件创建的虚拟节点。大致来说，数字代码旨在为虚拟网络中虚拟节点之间的虚拟连接分配权重。这些权重会影响连接两端的行为。在某种程度上，这些权重是由某种反馈回路引起的，这种回馈取决于神经网络是否产生了预期的结果。由此，信号在网络中传播的方式会不断变化。机器不断地把自己转变成不同的东西，就像一个正在成长的孩子。这就是人类大脑中神经元之间联系的方式——信号频繁地沿着特定的路径传递，使这些路径成为更好的信号传递器，反之亦然。所以网络的连接也会根据所经历的过程而变化，有些经历被加强，有些经历被削弱。[2]

因为权重的强度和网络的布局一直都在变化中，要分析这样一个设备中发生的事情，就意味着要追溯整个网络自启动以来的每一次调整。这种逻辑上的不可能性给这些设备带来了一种神秘感（尽管任何时候我们都可以恢复设置）。这也是这些设备的吸引力之一——它们似乎再现了大脑发育的奥秘，并反映了大脑中神经元连接的形成和重组方式，因此它们被命名为"神经网络"。在下一段中，我们将讲述一个"恰如其是"的故事，我希望，它可以让我们不用描述复杂的技术细节就能让我们对发生的事有一个大致的了解。[3]

假设在神经网络的一端进行输入操作，比如，一台电视摄像机将图像转换为像素矩阵，像素矩阵由一系列数字表示，这些数字对应每个像素的位置和亮度。假设你提供给电视摄像机的是大写字母的图像，而神经网络终端的输出仅限于打印字母：注意，此时系统已经接受了一些隐性训练以限制其输出。现在假设你在输入端输入一个"A"，而输出的内容类似于"P"。你以某种方式给整个系统一个"负推动"，告诉它以随机方式稍微改变权重，然后你再试一次。这一次，输入为"A"，它会输出类似"W"的东西。然后你再给它一个"负推动"，然后再试一次。你继续尝试，直到在输入"A"时，它输出类似"A"的东西。然后你用某种方式给出指令，"当你进行下一组调整时，使这些权重更难改变"——换句话说，你给它一个"正推动"。然后你继续操作，直到出现"A"来响应你输入端的"A"图像。实际上，你是在"训练"系统，对失败进行惩罚，对成功进行奖励。完成"A"的训练后，你继续进入"B"的训练并重复该过程，只是现在系统偏向于保留在学习"A"时被加强的权重；从拟人化的角度来说，它"记住"了"A"的识别方式。所有这些推动工作十分繁重，因此你编写了另一个程序来进行自动反馈。这个程序在输入端不断尝试不同的字母，并通过它们的数字代码来识别字母，获取输出端的数字代码，并在代码不匹配时自动给出负推动，或者当代码匹配得更好时给出正推动。然后你不用管理这个机器，让它运行一夜、一天、一个月或一年。下一次你再看时，神经网络已经生成了正确的权重，让你总能打印出与它在电视摄像机中"看到"的字母相对应的字母。它似乎已经学会了自己做到这一切！

如今，通过运用一些精妙的数学方法，在网络中正确设置神经元层数，这一程序可以不断地得到改进，以提供最佳的调整、反馈和记忆功能。这种方法适用于各种各样的情况，因为在学习识别世界上越来越多的特定事物过程中，计算机总会生成越来越多且经过优化的连接和权重。通过精心设计的反馈和学习算法，我们实现了良性循环，计算机变得越来越聪明。此外，根据扩展的摩尔定律，它们变得越来越聪明的速度也越来越快——节点数量和训练速度的增长超出了我们的线性想象。这种指数级增长的速度意味着，如果在20世纪60年代，我们不得不离开机器一年以让机器自学成为一个精准的大写字母识别器，而五十几年后我们只需要离开一秒钟左右就可以达到这种效果。这种区别类似于在对植物加倍延时摄影时所观察到的，植物为争夺阳光而相互竞争，似乎显示出了智慧。一台需要一年时间来学习识别大写字母的机器还是一台普通机器，但如果它在几秒钟内学会，它就会显得很智能，因为它的学习速度似乎已经超过了人类。

请注意神经网络系统的一个基本特征，这对论证至关重要。不管是人还是物，都必须辨别神经网络的性能什么时候在变得更好，什么时候在变得更糟。我们再来讨论一下之前设想的那个非常简单的字母识别程序。到目前为止，我们只考虑了输入的是大写字母的情形。但想象一下，设备输入的是小写"a"，然后输出端以大写"A"响应。我们是应该进行奖励还是惩罚呢？如果它是被训练用来识别大写字母的，这个响应就会受到惩罚；如果它被训练用来识别字母而不考虑大小写，那么这个响应就会受到奖励。所以看起来，我们不可避免地得对我们试图教给它什么做出决定——这样的设备似乎不能在被建造出来后，就随意在世界上使用，甚至不能被建造出来。这种强化选择就是一种原始的"文化适应"形式。这种情况就像小孩子一样，我们也不能随意放任不管。如果不能适应文化，孩子的能力也不会得到长足的发展。这里，我们又回到了智能计算机是从哪里获得理解的问题上——我们在研究人类如何理解问题时提出了同样的问题。正如我们在第一章所说的，我们可以用不同的方式来"培养"计算机。

◎ 模式识别：自下而上、自上而下和知识社会学

下面的章节将社会学家和人工智能支持者的立场结合了起来，这在几年前看来是不可能的。我们再次提出的观点仍然来自库兹韦尔。在第七章，我们将讨论库兹韦尔关于大脑的主张，他认为大脑的关键特征就是一个巨大的、有3亿个分层排列的模式识别器的集合。一些对神经科学有所了解的人跟我说，库兹韦尔的模型太简单了，大脑还有许多其他的重要特征。但目前用库兹韦尔的模型来开展工作是有用的，即使它只是一个"卡通"大脑。依据前面所提到的原则，我们将假设库兹韦尔的简单模型是正确的，这可能使我们的论证变得更加困难。我们想表明的是，即使这个简单的模型是正确的，并且这个模型从一开始就把大脑当作一种类似于目前正在建造的计算机，但如果不对它进行一些修改以让它融入社会，它仍然无法学会做人类所做的事情。

◎ 模式识别的要素

就本书而言，库兹韦尔模型特别吸引人的一个主张就是，模式识别也是知识社会学的一个中心主题。一个人如果在某一社会长大，也会看到这个世界的一套模式——也许有神、女巫、鬼魂、魔法，但如果在另一个社会长大，他会看到抵押贷款、人类进化和需要改造的浴室。科学知识社会学的一个中心主题是识别科学内部的模式。它研究的是科学家如何发现和建立世界上的新模式。例如，我刚刚出版的一本书描述的是对引力波的首次探测。关于第一次探测所花费的时间的说法从 5 个月到 100 年不等，具体时间长度取决于你如何看待它。但是，即使认为只花了较短的时间，这也引发了一场持续了 5 个月的争论，即与从复杂和精密的仪器中发出的噪声混在一起的一些残缺数字，是否可以视为首次观察到了一种新模式——引力波是由一对黑洞的合并而促生的。

从前，科学模式的识别似乎很简单：聪明的科学家运用他们的才智提出理论，以描述世界的模式，然后观察者和实验者通过能否发现这些模式来证实或否定这些理论。每个新发现和新模式都建立在整体模式之上，并添加到整体模式中。科学知识是单调的——"单调的"这个术语我们以后再讨论——而且是需要积累的。这些模式或是对行星运动的描述，或是对时间、空间和光速关系的描述，诸如此类。也许是数据先出现，然后聪明的科学家从中提取了各种模式，也可能是相反的情况。这看起来很简单，以至于在人工智能的早期，人们相信一个名为"通用问题解决者"的程序可以独自完成科学工作。据说一个名为 BACON 的特殊程序从天文数据中得出了开普勒行星运动定律。从某种意义上说，它确实做到了这点。但是，我们之后会揭示这其实是一种误导。

20 世纪 70 年代初，人们开始质疑这种简单的科学图景。仔细考察科学家们日复一日实际所做的工作，可以发现成功实验所涉及的技能大多是隐性的，且无法被正式描述。在这方面，这些技能就像我们在骑自行车、拿起杯子、遵循食谱烹饪或用我们的母语写出结构良好的句子时所使用的技能。这同样适用于观察技能：当你用显微镜观察池水时，你需要一些技能才能把其中的混乱看成微生物的一种模式。这意味着没有人可以完全确定数据或观察结果是真实的还是人为的：实验者或观察者看到的是真实的模式还是"空中楼阁"？此外，不同的科学家会在相同的数据中看到不同的模式，这取决于他们认为哪些实验或观察发挥的效用更大。简单的单调累积的图景被一种调制模型所替代：所谓调制，就是不同科学家之间达成的不同的社会共识。我们可以在大量的相关文献中查阅到这种对科学本质的理解的转变，但是我们马上意识到，这种转变表明在与数据相关的简单理论图景中，科学的一个关键特征被遗漏了。其中关键的问题是确认数据的真实性。对科学的仔细考察表明，在一些深奥复杂的研究领域，科学家花了很多时间争论某些观察或实验结果是否真实，科学家们常常因为意见相左而两极分化，争论持续几十年。仅举一个例子，选择这个例子是因为你可以在库兹韦尔 2012 年的书中找到这个例子的典型错误版本。据说，1887 年著名的迈克尔逊-莫雷（Michelson-Morley）实验表明光速是一个常数，并引发了一个谜题，这个迷题后由相对论解决。实际上，这个实验从未完成。至少要到 20 世纪中叶，具有决定性意义的迈克尔逊-莫雷实验才得到真正实施，关于实验结果的争议则可以上溯到 20 世纪 30 年代，而 1887 年的结果对爱因斯坦的相对论构想没有任何影响。[4] 同样，虽然 BACON 似乎从描述行星运动的数据中推导出了开普勒定律，但事实证明，这些数据是经开普勒定律筛选过的。看起来像原始数据的数据是通过将开普勒定律植入其中得到的精确且无噪的数据，而真正的科学就必须将需要认真对待的观察结果与应该丢弃的观察结果区分开来。BACON 只是通过一个算术程序得出结果，就像一个因子分析程序一样，它根本不是一个人工科学家。真正的科学家必须寻找方法将信号从噪声中分离出来，这通常涉及哪些数据可以作为可靠的观察结果，而这些问题都是有争议的![5] 我们将在第八章进行更具体的讨论。

◎ 更多关于自下而上和自上而下的内容

模式识别有两种基本模型：自下而上和自上而下。它们与科学应

89

该如何开展等方面有关。[6] 如果你把 BACON 的工作方式与广告宣传方式类比，那 BACON 就是在没有人为干预的情况下（除了提供收集数据的方法之外），从世界上已发现的数据中推断出开普勒定律。这是通过自下而上的模式识别来推导开普勒定律。自下而上意味着模式已经存在于世界上，它们将"上升"直到被我们理解，就像加热的液体上升到与其不相混溶的冷液体的表面：想想"熔岩灯"中的彩色油滴上升到表面。自下而上的模型属于简单的科学模型。

从另一方面来看，如果 BACON 所使用的数据已经被人类过滤，所有不符合开普勒定律的数据都已被删除，只保留了那些符合定律的数据，那么这一过程中已经包含了自上而下的模式识别的重要组成部分。对于科学知识社会学家来说，科学主要与自上而下的模式识别有关，即人类在模式中的作用是怎样的。社会学家的意识形态都是关于自上而下的模式识别，而简单科学模型的意识形态——至少一部分人工智能支持者的意识形态——在科学和观察方面大部分是自下而上的。在这里，我们将把这两种意识形态结合起来，形成一个修正的模型。

对于那些想要维护简单的科学模型的人来说，科学知识社会学所揭示的理论和数据之间的复杂性只是表明了熔岩灯中油到达表面的速度十分缓慢——灯工作得很慢。这是一种常识性的世界观，我们似乎有能力通过在世界中寻找模式来控制我们周围的世界，这赋予了我们强大的力量。请注意，这也是构成纯粹客观社会学思想基础的模型——在这种社会学思想中，我们可以仅仅通过外部观察推断出一个外星社会的存在方式，或者一个陌生人类社会的存在方式，而无须"了解当地"或被"主观的"解释所迷惑。

在仔细分析科学的运作方式之后，那些曾经处于社会孤立状态的科学领域中，所有这种自上而下的混乱都已经被发现了，但你不必相信它。科学知识社会学把科学看作"疑难案件"——如果科学中的这些社会过程可以被证明是适用的，那么它们肯定也可以应用到其他任何地方。但是，即使你不准备接受一个热的、快速的熔岩灯模型的存在，在这种模型中油会迅速到达表面——以一种确定性的、近乎计算的方式——并且几乎不受社会影响，你也对微观的社会事物或现象不感兴趣，你仍然必须接受关于所有非科学形式的人类知识。对于艺术、时尚、文学、巫术、神学、超心理学和替代医学来说，其模式主要是自上而下的。实际上，你不得不接受它是科学的，因为几乎很少有科学是像牛顿物理模型或者爱因斯坦的量子理论那样的，大多数科学都充满了不确定性，天气预报和计量经济学模型才是更好的一般性科学的范例。

重申一下，自上而下的模型是解释性社会学的基础——这种社会学以理解人们如何在不同的社会中生活为出发点。自上而下的模型认为，模式是人们强加给世界的，这些模式会因社会而异。在一个社会或社会子群体中被视为相同（多态）的一组行为，在另一个社会或社会子群体中就可能不会被视为相同的行为。比如说，"你这个混蛋"在某一社会中算作问候语，在另一个社会就不算。只有单态行为，即同一动作总是以相同的外部可见形式执行的行为，才能从外部进行概括和预测。解释主义者的意识形态认为，"外部"其实是没有任何模式的，我们感知到的模式都是我们强加于假设的现实之上的——都是"空中楼阁"。每当这种观点开始显得立场不足时，只要想想有一些群体，在他们的世界里，那些女巫、鬼和神具有和其他事物一样多的真实性，那么对这种观点的信心就重新回来了。对美或善的判断也是如此。更概括地说，在多态行为中，我们对事物进行分组时，依据的是其社会意义，而不是其物理实体或空间和时间顺序。当我们记住这一点时，这样的观点就无可争议了。当然，社会意义因社会而异，因群体而异，因场合而异。比如一个古老的问题，这个问题最早可以追溯到柏拉图时期，后世的维特根斯坦仍在寻找答案，即什么是桌子、什么是游戏之类的问题。如果一张桌子是用它的自下而上的特征来描述的——由腿支撑的平面，我们应该把用于野餐的树桩称为什么呢？关于"游戏"的含义，维特根斯坦提供了一个解决方案，他建议我们关注其用法，而不是意义。用法与社会有关。

科学知识社会学采用了自上而下的模式识别（也被称为相对主义或社会建构主义），并将其作为一种信条，作为与简单科学观斗争的动力。科学知识社会学认为，人类创造了模式，其中包括科学概括，创造模式时人类通过社会认同来确定哪些是合理的观测，哪些是不合理的观测。我将用一种修改过的形式来表达这个观点，以符合我们这里论证的需要。[7] 论证从四种房子的表示方式开始，如图 6.1 所示。

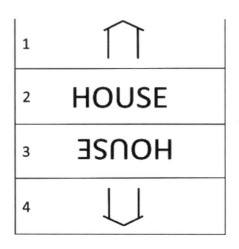

图 6.1　四种房子的表示方式

社会学家盯着图标 1 时，他们会倾向于认为这个图标看起来一点也不像房子——把它带到街上和房子进行比较就会很明显！坚定的"自下而上"方法论者会坚持认为真实房子和图标 1 之间存在相似之处——比如房子屋顶的坡度和图标的上部线条之间的相似之处。作为回应，坚定的社会学家可以指向房子的第二种表示方式。图标 2 和真实房子之间确实没有相似之处——它们的关系都是自上而下的。为了证明其真实性，我们可以想象一下，如果我们的社会习俗不同，我们的语言以不同的方式发展，那么房子可能会用 MAISON 或 CAT 来表示，或者用图标 3 来表示。如果房子可以用这样的符号表示，为什么图标 1 不能是完全基于社会习俗的呢？

但现在我们遇到了困难。我可以识别出图标 3 与图标 2 中的符号是同一个符号，但是是颠倒的。然而，在写本书之前，我从未见过 HOUSE 这个词是颠倒着写的，所以图标 2 和图标 3 之间的关系（暂时忘记与真实房子的关系）不可能完全是自上而下的。我可以看到图标 2 和图标 3 符号的相似之处，这一定涉及某种自下而上的识别。图标 2 和图标 3 之间的关系中存在某种"外在"的东西，否则我无法看到它们之间的相似之处，无法判断它们是相同的，除了一个位于另一个的上方。如果世界上没有固定的东西，那么这两组相同的"符号"，一组颠倒过来，就只是两个不相关的图案。

如果图标 2 和图标 3 之间的关系中存在"外在"的东西，那么它又提供了一种新的可能性，即在房子图标和真实房子之间的关系中也存在某种"外在"的东西。如果这是真的，那么图标 4（图标 1 的倒置）与真实房子之间的关系几乎肯定会比图标 1 和真实房子之间的关系更弱，因为真实房子的方向是向上的。

在这种情况下，相对于图标 1，图标 4 将更难以被用作房子图标（但是如果我们想象整个字母表是以"颠倒"的形式发展起来的，那么图标 3 不会比图标 2 更难作为房子图标）。与图标 1 相比，我们可以将图标 4 在作为房子图标被社会接受时所受到的额外压力描述为"可视性"的缺乏。在发挥房子指称意义这一作用方面，图标 1 比图标 4 更好，当然也比图标 2 和图标 3 更好，但在我们的社会中，图标 2（不是图标 3）最初的可视性缺失已经因日渐熟悉而被克服了。[8]

阿瑟·雷伯是一位心理学家，他的思想深受进化论的影响，同时他也是隐性知识心理学方面的专家。在其一次公开讨论中，尽管我有社会学意识，但在处理任何一种自下而上的模式识别问题时——如需要解释为什么图标 3 和图标 2 是颠倒的，或者为什么图标 1 比图标 4（假设情况是这样）能更好地表示房子——我将被迫采用类似于雷伯的进化起点的说法。[9] 我不得不承认，动物出生后，进化出了从环境中提取出某些基本形状（比如代表房子屋顶图标的直角三角形）的能力。这是我唯一可以解释的方法，比如，与图标 4 相比，图标 1 具有更大的功能可见性，以及图标 2 和图标 3 之间存在明显的关系。采用雷伯的方法，我预测直角三角形很可能在所有文化中都能被识别，因为它们在人类进化的早期就已经被识别为独特的实体。因此我不得不说，一定存在所有人类都能识别的某种基本形状、图案、颜色和纹理的基质，文化的多样性就是建立在这种基质上。认识这种模式不受知识社会学的约束，因为它会发生在所有文化中——它是自下而上的！

雷伯告诉我，彼得曼（Biederman）在 1987 年开发了一种基于原始图形如圆、圆锥和椭圆的感知模型，称为 geon 模型。真实房子和房子图标（可能是字母表中的字母）可以看作由这些图形组成的。彼得曼的理论使用不到 40 个几何图形来解释几乎所有形状相对固定的物体。我们并不特别赞同 geon 模型，而是将其作为一个范例。还有一些类似 geon 模型的方案，我们将其概括地称为"类 geon 模型"。正如我们将看到的，它与库兹韦尔及其同事开发的一些理论非常接近。类 geon 模型的模式识别的一个特征是通用性——无论在何种文化中进行识别，同一模式都识别为相同的模式。

我们的大多数感知和概念仍然发生在文化中，它们所支持的模式是自上而下的，以图 6.1 中图标 2，即直立的单词 HOUSE 作为范例。但我们现在认识到，如果没有一个自下向上的类 geon 模型，就不可能有自上而下的模式识别，这是任何"符号"或图标能够保持稳定和可识别的必要条件；如果没有可识别的、稳定的符号，就无法发展赋予它们意义的文化习俗。

理解这些必要条件在人类感知中所起的作用是很重要的。人类的感知取决于许多必要条件，但在为人类感知提供解释时，它们都没有多大作用。例如，血液在我们身体中循环以保持我们的感觉器官的活力，这是人类感知的一个必要条件。但当我们谈论人类如何感知世界时，我们从未讨论血液循环，而只是将其作为潜在的背景条件。我们需要考虑，自下而上的模式识别是不是解释感知的一个非常重要的部分，或者它只是像血液循环那样作为背景条件潜在地运行。

当我们在当前人工智能的发展中寻找方向时，明确自下而上和自上而下模式识别之间的区别是很重要的。由于自上而下模式识别的重要性，如果人工智能要获得人类水平的语言流畅度，将其融入社会生活至关重要。然而，我们必须有一些自下而上的认识才能理解感知是如何运作的。我将把这种自上而下的模式，以及一些自下而上的必要性，称为"改良的社会学意识形态"。它之所以被"改良"，是因为确定性的社会学意识形态只集中考虑自上而下的方式。

杰弗里·辛顿：纯粹的自下而上的视角

但是所有模式识别都可以自下而上地完成吗？毕竟，BACON 的创造者认为他们已经建造了一台机器，它已经执行了一个纯粹自下而上的开普勒定律推导。计算机智能为考虑这一问题提供了不错的思路。但怎样才能做到呢？"深度学习"是机器基于大量图像实例的模式识别方法，其能力仅受到计算资源限制（我们假设，这将很快不再是一个问题）。据称，当计算机在庞大的数据库中接受训练时，它们在识别未来的模式实例方面（例如照片中看到的物体的图像）会变得非常可靠。据说深度学习使计算机能够以 95％ 或更高的准确率从新数据集中识别相同事物的新实例。[10] 也有人说，至少该领域的奠基人杰弗里·辛顿表达过类似的观点，模式识别是世界上一种根深蒂固的认知方式，计算机可以在没有监督的情况下完成模式识别——"无监督"方式。辛顿认为这一切都是由下而上进行的。[11]

顺便说一句，相对于深度学习领域中通常使用的"无监督"一词的定义，辛顿对"无监督"的定义要强化得多。在这里，术语"无监督学习"包括任何非"监督学习"的东西。"监督学习"意味着有意地干预计算机训练——将有意识的和自觉的工作融入训练之中，尽管工作类型和数量的变化范围都很大。我将介绍"隐性监督"这个术语，它指的是所有非自觉、无意识的监督，即监督是以一种潜移默化的方式进入训练的，比如人类在日常生活中安排计算机遇到材料的方式。[12] 深度学习计算机所做的大部分工作肯定不是辛顿定义的完全无监督的自下而上的学习，几乎所有都是隐式或显式监督，后者由计算机科学家描述如下。

> ……只需要支付极少的报酬，成千上万的人就能为大量的训练例子提供标签，从而创造一个"基本事实"。在这种情况下，"目标函数"只不过是将经过训练的模型与（人类）先前给出的答案进行比较。如果人工智能计算机似乎复制了人类的行为，就像著名的图灵测试所预期的那样，这一成就的原因是非常明显的——行为看起来像人类，因为它就是人类！……人工智能行业具有一种主观性，它挪用了人类的判断，并通过机器重演，然后宣称其在逻辑上是"客观的"来树立认识论意义上的权威。[13]

回到最大限度的无监督学习方面，辛顿非常明确地表示，他的观点与他所说的"强沃夫假设"相反。这个假设指的是"萨丕尔-沃夫假说（Sapir-Whorf hypothesis）"。该假设与我们所说的"自上而下的模

95

式识别"密切相关。标准的例子是因纽特人，据说，由于自身的文化倾向，他们有 17 个不同的词来表示雪，而我们只有一两个词语。有关这一现象的经验基础虽然受到了质疑，但其原则是很明确的——不同的社会采用不同的方式来识别模式。但是，辛顿坚持认为，在与人类文化发生任何互动之前，这些模式就已经"存在"了，这就是为什么计算机能够在没有监督的情况下自行识别它们。辛顿说："它完全摧毁了心理学（我会说社会学）多年来所说的话……类别确实存在。"辛顿也非常积极地反对那些认为知识具有文化特有性的"相对主义者"，认为自下而上的学习是普遍的，不具备文化特有性。

96

辛顿声称自上而下的识别是没有必要的，这一点我无法理解。然而，这个观点确实很有趣，值得我们仔细研究，因为它将我们带到了争论的核心。我们从如何表示房子的争论中了解到，要想有一个可以有效描述世界运转方式的模型，我们需要进行一些自下而上的处理。这里的问题是，仅靠自下而上的处理能完成到什么程度，我们需要多少自上而下的处理，在人类构建深度学习算法时，有多少模式的形成是以隐性监督的形式嵌入算法之中的。

辛顿提出的最有趣和最具挑战性的事情之一是，即使向深度学习计算机呈现人类创建的物品，它们仍然可以自行分类。他的例子涉及数字 0~9。他说，如果这些数字的例子都是由不同的人手写的，并在没有任何事先训练或任何监督的情况下，将它们呈现给合适的神经网络分析器，它可以将这些数字分类成相应的自然数集：所有的"1"在一组，所有的"2"在另一组，以此类推。这些都是纯粹基于由像素矩阵组成的图像得到的结果。神经网络分析器可以识别出数字之间的区别，因为这种区别一直就"存在"。同样的道理也适用于声音模式——音素——他说，这就是语音识别器的工作原理。需要注意的是，即使数字等是人类文化的产物，机器仍普遍具有将它们识别为不同类别的能力。以前只接触过文盲文化的机器仍然能够区分数字，因为这种区分不依赖于任何自上而下的指导。在某种程度上，数字识别是社会学在起作用，我们可从外部完成对陌生社会的部分认知工作，只要我们能够识别这个社会使用的符号是什么。

辛顿可能认为，人类之所以能构建自己的文字符号，是因为他们也依赖于世界上自下而上的差异。在改良的社会学意识形态下，这似乎是完全合理的。改良的社会学意识形态承认有必要建立某种类 geon 模型：当人类创造他们在书写中使用的符号时，他们选择了易于区分的图案，因为人类具有识别基本的类 geon 形状的生物学倾向。这使得图 6.1 的图标 2 和图标 3 易于识别。

　　然而，这似乎存在一个问题。可以想象有这样一种系统，它仅根据像素强度来区分数字，因为符号之间会有空白。但是在某些社会中，一个数字由两个并排的符号表示，中间有空格。例如——这个例子我是发明的——用"00"代表零，而不是用简单的"0"来代表零，等等。在这种情况下，很难看出机器本身如何知道"00"是一个数字而不是两个数字。这可能很难想象，但必须随时准备一个巧妙的解决方案。在这种情况下，两个零的恒定共存位置可能有助于做到这一点。

　　但即使撇开这种可能性，在更进一步讨论之前，我们必须引入一种自上而下的识别元素。一台不受监督的计算机——只被指示依据不同像素将符号分成不同的组——不会知道它将数字图像分类到的组与数字本身有关。因此，如果我们的数字集包括"A～Z""μ""£"或其他不同的版本，当你让文字处理器"插入符号"时，我们必须假设它会将这些符号分类到单独的类别中，就像它对数字进行分类一样。但是，乍一看，它无法将数字集与字母或任何其他符号集分开。在模式识别器的层次结构中，没有出现更高层次的模式识别器——基于经验的记忆（如第七章中描述的库兹韦尔大脑模型中的记忆）——将数字从字母和其他符号中分离出来。在更高层次上——例如数字和字母——所有的符号看起来都一样。最为基本条件是，要在更高层次上分类就需要某形式的自上向下的输入。这就是为什么我无法理解辛顿对事物运行原理的解释。

　　但是，现在让我们尽力去构想一个方案。例如，我们发明一种分类器，它通过一些自下而上的统计程序，可以从互联网上获得相当于自上而下的输入。我们现在知道，我们一直期待发现一些巧妙的蛮力方法，来解决人工智能 I 级（工程）或 II 级（非对称性假体）的问题，从而程序可以识别不同类型的符号在文档中的分组方式。例如，不带空格的数字串往往是随意排序的，且其长度差异很大，而字母串往往长度有限，并表现出有规律的重复模式；"μ"主要出现在文献中，与它一起出现的还有很多其他符号，这些符号来自我们所说的希腊字母的有限集合；"£""$"以及其他一些类似符号通常单独出现在一串数字的前面，而且只出现在数字前面。这是一种基于先例的统计程序，它通常会让表 2.2 的右侧人员感到惊讶，因为我们不像左侧人员那样善于预测这些事情。这里我试着站在左侧人员的立场思考这个问题。我们发明的这种更高级别的分类器将是通用的——你不必了解数字，也不需要拥有关于希腊字母或任何其他类型的符号的概念，就可以进行这种基于统计的分类，所以它可以不参考使用这些数字和其他符号的文化。分类可以纯粹通过识别印刷文档中的符号字符串来完成，并且不需要其他监督。

98

但这样事情又变得棘手了，因为这种分类并不完全是自下而上的，尽管它可以在"没有监督"的情况下完成。最初创建文档的人通过参考他们社会化的文化，创建了文档中符号使用的顺序和关联。这类似于 BACON 在已经根据开普勒定律分类的数据中发现模式的方式。换句话说，分类需要知道各种符号的不同含义，即使我们只是想知道如何将它们分类为集合——数字和字母等——我们需要看到它们在人类社会中的使用。这也是一种隐性监督。

这种分类方式毕竟不会像对单个符号的识别那样具有普遍性，也不会像开普勒定律那样具有（假定的）普遍性，因为它会因文化而异。因此，假设有一种文化将符号 A～I 与 1～9 相互替代，其他一切保持约定俗成的样子。在那种文化中，分类会有所不同：一些我们称为数字的东西会被分类为字母，一些字母会被分类为数字。还有一些语言/文化，如希伯来语和罗马语，同样的符号被用作数字和序号，所以对它们进行分类总是要依据特定语境。对于无监督的计算机，从文档中提取融入人类文化的分类是一种隐性监督，因为它依赖于预先插入数据库中的文化特征。这意味着深度学习是相对的（其形式与改良的社会学意识形态相一致但略有减弱）。隐性监督是自上而下的，是相对的，尽管它可能不会马上显现这种特性。这是自上而下模式识别以微妙和隐蔽的方式进入的一个例子，如果我们要理解新的人工智能的世界，我们必须持续保持警惕。考虑到这一点，社会学家不得不承认，单纯从外部研究陌生社会，可以学到比他们想象的更多的东西。我们一直都知道我们可以通过计算一个陌生社会的成员数量来了解其人口结构，甚至可以通过观察他们的行为来了解更多。但现在我们还可以了解他们如何使用符号——虽然不多，但比我们想象的要多！

重复一下，在"改良的意识形态"下，首先需要一些自下而上的识别，以允许单个符号被识别，而这就足够了。但是，如果没有自上而下的指导，仅将符号分类是不够的，无论其分类是多么精细。如果计算机能够在只有隐性监督的情况下向人类世界学习，这仍然是一个非常重要的成就，但这使得计算机学习的内容寄生于人类社会，并符合萨丕尔-沃夫假说。至少，对于我们现有的计算机来说，这是事实。这里不考虑那些可能发展出独立社会的计算机，因为它们拥有完全独立的、难以理解的知识领域。对于我们现有的计算机来说，如果我们要理解智能机器的世界正在发生什么，那么理解自上而下的输入是至关重要的。

辛顿和我还讨论了其他类型的模式识别。例如，辛顿坚持认为，深度学习程序可以识别女性与男性并将其区分开来——这是谈话中碰巧提到的一个例子。下面是对话的文字记录：

> 柯林斯：如果训练你的设备识别所有女性，然后给它显示一个女性图标，就像你可能在厕所门上看到的那种，会发生什么？
>
> 辛顿：训练中已经有图标了吗？
>
> 柯林斯：让我们假设有。
>
> 辛顿：那就好了，包括那些女性图标。
>
> 柯林斯：它自己是怎样运转，将一个女性图标归类为女性的呢？
>
> 辛顿：它是有监督的还是无监督的？
>
> 柯林斯：无监督——我关注的是无监督模式（我无法理解——我这么说是因为，只要有监督，自上而下的模式识别就会通过监督提供的有效奖励和惩罚系统找到自身的运行方式）。

辛顿：这个设备应该做的是展现出具有多个属性的图标，其中一个属性表示它是女性，还有一个属性表示它是一个图标。所以，所有好的无监督算法不是只能分类，它们还会描述。因此，它们获得的表示形式远不止……不仅仅是集群。最原始的无监督学习是将事物聚类，但这是一种非常弱的无监督学习形式。你获得的唯一描述……是它属于哪个集群。这些信息并不多。好的无监督学习算法产生……一个描述。你想要它做的是让它说"这是一个人，是一个女性，它是一个图标，而不是一个真实的人"。它将产生一个很大的特征向量，涵盖所有这些方面。

柯林斯：但你说的是，在没有任何监督的情况下，它将能够将女性图标与女性联系起来。

辛顿：是的，二者有很多共同的结构。

柯林斯：我简直无法理解——一个女性图标和一个女人有什么共同之处呢？

辛顿：好吧，让我们从简单一点的开始，好吗？比如，一张素描的脸和一张真实的脸有什么共同的结构？……一个有两个圆圈的椭圆、头发和嘴巴？拿这个说：这与真实面孔有什么共同点？嗯，答案是，它们有很多共同点。它们具有相同的元素排列，并且元素本身的形状大致相同。

辛顿认为一个好的学习算法会提取出它所识别的特征。女性图标和实际的女性有足够的共同特性，使得这样一个程序能够将它们识别为同一组对象。当然，这同样适用于房子及其图标。在图 6.1 中，房子和图标 1 之间有足够的共同点，允许无监督程序将图标与房子识别为相同的集合。我在前文写道，"这个图标看起来一点也不像房子——把它带到街上和房子进行比较就会很明显"。如果辛顿是对的，我一定是错的。根据辛顿的说法，这个图标看起来很像一座房子。例如，上面线条的坡度让计算机能够将它与其他房子分组，并且鉴于其需要类 geon 模型，我们不必在原则上反对这种可能性。

然而，即使深度学习程序可以自下而上地将真实女性和女性图标归为一类，即使真实房子和房子图标也可以这样归类——即使我们接受这一切——这个论点还是站不住脚。我们能知道这一点，是因为"HOUSE"与房子没有共同的自下而上的特征（它可以是"CAT"，而在法国是"MAISON"）。此外，在日本，厕所门上代表男性的标志有时是烟斗，而烟斗和男性之间没有任何仅通过自下而上的识别就能发现的共同之处。或者有：也许一台可以访问互联网的计算机可以发现在日本有很多与烟斗相关的男性图像，但这又是隐式监督而不是自下而上的模式识别，因为这将取决于人类在其文化的指导下编写的文档。

但是，让我们提醒自己，通过统计的方法和基于先例的方法可以实现哪些目标。人们发现，如果把文档简单地看作"一堆单词"，那么就可以对其进行有效的分析。有了这些知识，我们不用尝试去理解这些单词，就可以将"垃圾邮件"和"有用邮件"区分开来。因此，想象一下，我们的模式识别器得到了一组电子邮件，并被告知只根据文档中词汇的统计数据将它们分类。这样的程序大概会在多个维度上分离电子邮件——长词与短词、外来词的数量、形容词的比例等——但其中一个维度是垃圾邮件与有用邮件，通过在垃圾邮件中常见而在有用邮件中不常见的单词集合来识别。这看起来像是纯粹的自下向上的分类。但是，就像数字和字母之间的区别一样，程序既不知道垃圾邮件和有用邮件的维度，也不知道各个特征属于哪个维度。要从中提取并转储所有垃圾邮件，需要有人基于自身对电子邮件文化的理解，"告诉"程序分离出的一组电子邮件是要转储的一组——此后，且只在这一次之后，程序就能够自行完成任务。

深度学习程序还学习识别汽车、动物和其他类似事物的图像。据说，这些程序一旦基于大量图像进行了训练，就可以识别新实例，准确率在 90% 以上。我们没有理由不相信这一点，但我们不知道在训练中有多少隐性监督。从大量图像中分离出的对象是由人类标记过的（通常是这种情况），还是计算机自己挑选出来的，就像它可以将符号分成离散的类别一样？如果分离出的对象是被人类标记过的，计算机就会进行监督。即使模式识别基于"图像袋"模型也是如此。这就像"字袋"模型，但使用的是图像，有点像 geon 模型，但并不全部都是几何图形。它们可能是典型的斑马图像，后腿连接身体；可能是摩托车图像，前轴连接车轮；也可能是小提琴图像，有几根琴弦和一段弧形音箱。我们可以想象，计算机可以根据在不同图像中发现的图像元素的统计数据，将斑马、摩托车和小提琴图像分开，即使它不会在不被告知的情况下"知道"哪些组分别是斑马、摩托车或小提琴，图像也不会一开始就被标记——就像垃圾邮件和有用邮件一样。

但是，即使仔细检查，你也不一定清楚程序第一步是在干什么。回到电子邮件的分类问题，假设程序知道每封电子邮件的开始和结束位置：它必须要么被告知这一点，要么自己解决。鉴于电子邮件具有易于识别的标题和终止位置，我们可以想象它可以做到这点。但图像没有如此明显的终止点。可能所有关于图像识别的深度学习工作都依赖于根据从网络上找到的大量照片进行的训练，照片中的图像通常位于正常位置，居中或接近居中，完整或基本完整。所以"图像袋"的范围是由照片中的图像位置来定义的，而照片是人类文化的一种表现——我们拍照的方式反映了我们如何根据我们社会化的方式将世界分成不同的对象。

想象一下，如果向计算机呈现的不是这些受人类影响的照片，而是一组随机拍摄的照片，这些照片应该只包括一些斑马、一些摩托车和一些小提琴，每张照片还包含一些其他的东西，而且许多部分还是重叠的，不清楚计算机还能不能做原来的分类。这就像我们删除了用于区分电子邮件的所有识别特征，并给计算机提供了一个连续的文本字符串，我们认为它不能迈出对电子邮件进行分类的第一步。

我问辛顿，如果这些图像来自世界上的随机快照，深度学习程序是否仍然有效。他说训练集确实使用的是居中式图像，但如果图像是随机的，它仍然有效，只是需要训练更长的时间。这似乎需要实际测试。例如，可以将图像随机切片，这样图像不再居中，也不是完整的，然后比较在原训练集与图像被随机切片后的训练集上训练所花费的时间和取得成功的程度。

因此，很难知道对图像进行隐性自上而下分类的建议是否正确。但它说明了区分自上而下和自下而上是多么困难，如果我们要了解我们的世界，这项任务至关重要。

自下而上和自上而下两种模式识别协同工作的方式似乎是理解新型人工智能的核心。我们已经看到所有模式识别都是自下而上的。深度学习可以在没有监督的情况下工作，但我们需要非常仔细地分析来确定这是否属实。这个隐含的说法是，如果让计算机自己去发现，它将重新发现与我们人类发现的世界相同的世界，因为人类和非人类的智力的发挥过程都是一样的。这就是"反沃夫假说"。

但是，如果让我们自己去发现世界，我们会发现什么呢？是根据简单的 BACON 科学观点发现的世界吗？让计算机自行工作会重新发现开普勒定律，进而重新发现人类已经发现的所有其他科学事实？这样的科学模型是单调的——只有一门科学，事实上，只有一种知识。这是一种奇怪的观点，因为很多科学争议已经持续了半个世纪，而世界上的知识也是多种多样的。我怀疑，人们认为所有人都能发现的唯一知识，是在互联网上的维基百科和其他类似来源中收集到的知识。如果我们相信这是唯一的真实知识，那么这将是西方帝国主义迄今最显著的成就。[14]

总而言之，我花了几十年的时间来总结一个观点：

> 人类根据文化习俗来解释他们的基本感知；人类解释的基本感知具有普遍性。

忽视这一命题的任何一面，都可能会误解人工智能和世界的运行方式。这就是真实世界运行的方式，只要想一想图 6.1 你就可以知道。

我们必须保持警惕，以免落入西方文化本身就是普世真言这样的陷阱。如果自上而下的模式识别正在慢慢进入深度学习和其他领域，我们千万不要把它误认为这是基本感知。我们需要发现这种自上而下的模式，即使它是隐藏或隐含于事物之中的。但这一任务并不是轻而易举就能做到的——我们需要知道机器是如何训练的，这是表 2.2 左侧的专家们所具有的知识。来自右侧的分析师只能提出问题，并大胆地给出一些答案，但真正的权威必须来自左侧——左侧的专家愿意把自己喜欢的项目分析为"半空的"，而不是"半满的"。

注释

[1] 然而，越来越多的程序员正在付出巨大的努力，因为使用这些技术的机器可能会在危及生命的情况下做出决定，并且它们的行为可能必须在法庭等场所进行解释。

[2] 在"专业知识周期表（Periodic Table of Expertises，PTE）"（柯林斯和埃文斯，2007）的术语中，这个解释只比"啤酒垫式知识（beer mat knowledge）"好一点点，但它足以说明，原则上机器可以从经验中学习。

[3] 我很高兴一位技术熟练的读者告诉我，我手稿中的叙述太准确了，不能仅仅称之为"恰如其是"的故事。但是，想要了解通俗易懂的语言编写的更多内容，请参阅：https：//www. technologyreview. com/s/608911/is-ai-riding-a-one-trick-pony/。

[4] 在库兹韦尔（2012）的书中可以找到典型的错误描述。在柯林斯和品瓷（1993）的书中可以找到对实验和后续发展的更准确和非常简单的说明。

[5] 此外，欧内斯特·戴维斯评论说："据我判断，BACON 所做的与开普勒面临的问题无关。BACON 得到了一张运行周期和轨道半径数据表，并成功地将它们拟合到曲线 $R^3 = cT^2$。开普勒从从地球上看到的行星位置开始，完全没有深度信息，他必须弄清楚它们在太空中的位置。这是一个无比困难的问题。"

[6] 我后来才知道（感谢赫克托·莱维斯克），几十年前，"自下而上"和"自上而下"是计算机视觉辩论中的标准用法。我对术语的使用与此无关，但我怀疑这两种情况下术语的相似性绝非巧合：两种问题的结构相似——事实上，在某些方面它们是同一个问题。

[7] 这个修改后的模型最初用于分析柯林斯（2010）的研究中隐性知识和显性知识之间的关系。

[8] "可视性"一词并不能解释任何事情，但对于描述事物之间的关系很有用。

[9] 柯林斯和雷伯（2013）。

[10] 尽管这必须取决于实例的要求有多高。

[11] 欧内斯特·戴维斯告诉我，与辛顿相比，计算机视觉领域的其他领军人物更愿意考虑自上而下的约束。

[12] 感谢约舒亚·本吉奥对这一点的澄清。他（私下交流）肯定"隐性监管"这个词是个好术语。他最喜欢的描述是：

> 一个微不足道的例子是，计算机只是观察人类发出的话语和文字（当然，我们已经做过这种事情了）。一个更高级的案例是计算机与人类对话并使用该经验来学习语言（像苹果和谷歌这样的公司已经从我们的手机中积累了这种数据，但到目前为止，我们还不能很好地做到这一点，这意味着学习机器只能推导出纯粹的观察结果，而我们可以很容易地想象，对话可以用来从人类身上提取更多的信息，而不需要这些人充当真正的老师）。

[13] 布莱克韦尔（2017）。

[14] 人们可能更喜欢这种文化，而不是现有的其他文化，但人们应该知道这是一种选择，而不是必然。也许"寻找外星生命"失败了，因为其他星球上的所有先进文明都做出了不同的选择。顺便说一句，柯林斯作者更喜欢这种文化，而不是我们目前在地球上的任何其他文化：参见他 2014 年的《我们现在都是科学专家吗？》（*Are We All Scientific Experts Now?*），再看看他在 2017 年合著的《为什么民主需要科学》，但我们肯定能想象出更好的选择！

第七章
库兹韦尔的大脑模型和知识社会学

在这短短的一章中，我们试图拓宽深度学习和知识社会学之间的联系范围。我们从库兹韦尔的提议开始，即大脑的主要特征是一组分层组织的模式识别器，这一观点在他的《如何创造思想》（*How to Create a Mind*）（2012）一书中有所阐述。如果我们所考虑的是Ⅳ级人工智能，就需要思考库兹韦尔的描述是否正确，但在本章的论证中，我们关注的是Ⅲ级人工智能。就Ⅲ级人工智能而言，他的大脑模型是否正确或者它是不是一种"卡通"大脑，并没有太大关系，因为真实的大脑实际上要复杂得多；这里强调的是社会融入的必要性——这是整本书的核心论点——即使大脑实际上要复杂得多，也不会造成实质性影响。我们在图 7.1 中将库兹韦尔的大脑模型表示为一系列分层排列的具有垂直连接的神经元。

在图 7.1 中，棍棒形状组成一个人形，为了便于说明，我们将其称为山姆（Sam），山姆的头部被画得非常大。山姆的新大脑皮层被表示为五行节点，节点之间有一些上下连接。两组连接表明大脑中存在某种"边缘"节点——不是每个节点都与其他节点相互连接。

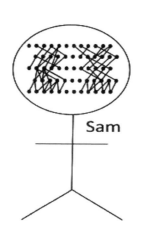

图 7.1　库兹韦尔的大脑模型

108　　在这个模型的较低层次，自下而上的模式识别是起点，即初始模式。我们可以认为它是由一些类 geon 模型驱动的最低层次的神经元完成的，尽管这不准确；库兹韦尔自己也谈到了世界上可识别的基本元素，如垂直线、水平线、以某种方式倾斜的线，向左、向右、向上、向下凸的曲线，等等。通过较低层次与下一个更高层次之间的上下反馈，这些初始模式组合成更大的模式，然后再加入更高层次。这个过程一层一层地重复，一直到顶层，以记忆的形式存储来自低层次的经验，并增强或者抑制这些经验。第一个高层次可能是字母表中的字母，比这更高的层次可能是整个单词，下一个更高层次可能是短语。每一层都向更高层和更低层来回反馈，因此即使是整个句子的捕获也可以理解为一个分层模式识别的过程，这同样适用于从低层的图像片块上升到顶层的完整图像的识别过程。记忆存储了我们一生的经验，它们会影响低层的某些输入，有的输入被丢弃，有的被接受，这代表着与该经验相对应的某些高级模式。如果输入在向上传递的过程中连续触发来自更高层次的积极信号，直到到达顶层，触发关于某一熟悉对象的适当响应，比如一只鸭子，那么我们就会看到一只鸭子。如果输入在到达顶层时无法触发任何熟悉的东西，整个信号链被拒绝的可能性就会大大增加。实际情况肯定要复杂得多，但这些是基本的原则。

　　这里所使用的语言中，山姆大脑中较低层次的模式识别主要是自下而上的，但较高层次的模式识别主要是自上而下的。正如库兹韦尔所说，这必须依赖于大脑中较高层次模式中存储的记忆。那些较高层次的模式是根据一个人成长的社会或其社会化经历而建立的。我们可以看到，库兹韦尔的大脑模型与前述改良的社会学意识形态非常吻合，并且它具有与知识社会学契合的潜力。

现在，我们可以通过在山姆现有大脑之外添加另一层"神经元"来说明。这一层次包括与山姆现有大脑接触的所有其他大脑中的神经元，我们将这个修改后的模型称为"社会山姆（Social Sam）"，如图 7.2 所示。当然，这是非常简化的表示形式。

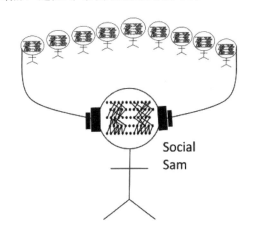

图 7.2　巨大的神经网络和社会山姆模型

简化图的顶部是更多的新大脑皮层，它们代表了社会山姆在人生旅程中遇到的大量其他人类的大脑，这些大脑有助于创建社会山姆的概念世界和知识组成，这由社会山姆所在的各种社会群体中的人主导。他们将以多种方式进行分组和相互关联，其中一些将在第八章讨论。这个额外添加的层次就是社会山姆所在的社会，即社会层次，它负责自上而下的影响。

社会山姆的新大脑皮层与顶部的新大脑皮层通过感官前后相连。就像山姆大脑和社会山姆大脑中最上层的模式识别一样，这一附加层次的模式识别对其他层次的模式识别有强大的批准或否决权。这些批准和否决权从新生儿出生开始或在出生之前就对其大脑产生影响；它们从大脑外部塑造了构成库兹韦尔大脑模型顶层的经验和记忆。我非常仔细地按照库兹韦尔描述大脑的方式来描述这一切，除了在顶部添加了一个额外的层次，这个层次恰好在大脑之外，但仍然在一个大型神经网络中与大脑内的神经元相连。

因为社会层次在社会山姆的大脑之外，因而与社会山姆新大脑皮层内的连接相比，社会层次和社会山姆大脑之间的连接是稀疏和缓慢的，但它们在知觉的形成中是非常重要的。更复杂的是，顶层通过感官与其余层相连，这意味着其影响必须首先通过新大脑皮层的底层。因此，顶层如何产生其强大的高层影响力，过程是十分复杂的。然而，我们可以很简单地说明这个过程的逻辑可能性和效果。如果社会山姆从未被展示过板球拍或板球拍的图片，并且他从未听说过关于板球拍的描述，在成长过程中他也从未阅读过有关板球拍的文章，他的新大脑皮层的较高层将没有板球拍模板。这种方式简单粗暴，社会山姆大脑外的上层——社会中的所有其他人类大脑——可以对社会山姆新大脑皮层的上层产生巨大而直接的影响，即使这种影响是通过底层进入的。

当然，这种影响大部分是通过语言进入的。语言以微妙的方式进行调节，这种方式可以简洁明确地描述为在社会山姆的社会和社会山姆的大脑中建立"感觉"。但这里我们试图避免使用像"感觉"和"思想"这样的概念，而坚持仅仅使用模式识别，这样做的确比较困难。我们想坚持使用经过修改的库兹韦尔大脑模型（社会山姆模型），因为我们想从我们试图说服的人的立场出发进行论证，这些人包括表2.2左侧的专家。这就是为什么我们在这一点上不想使用"感觉"这样的术语，而是坚持使用物理或化学术语。社会山姆作为个体会受到许多外部新大脑皮层的影响：一些影响比较大，比如来自自然语言的影响；一些影响属于中等，例如来自体育或娱乐团体的影响；一些影响比较小，例如来自深奥的专业知识的影响。[1] 我们可以想象，所有这些外部新大脑皮层都与他的大脑相连，就像图7.2所示的那样。我们仍然在谈论神经网络和模式识别，没有什么比这更复杂或更形而上的了：只是为了理解山姆的大脑如何运行，我们需要将神经网络扩展到大脑之外。要了解山姆，我们需要查看它所融入的大型神经网络——我们需要了解社会山姆。这是本书的核心主张，它的标志性表示形式见图7.2。

我们知道人们对"社会"这个概念有很多怀疑，但这里所说的并不含糊，也不是玄学，也没有任何"社会"可以威胁个人或个人主义政治制度的自由、权力和潜在成功。或者，如果真有什么威胁的话，那也只能说事实就是如此。不管人们喜欢与否，这一额外添加的层次只是对世界及大脑的物理描述。这就是为什么生活在一个社会的人所感知的世界与生活在另一个社会的人截然不同：这里有抵押贷款，那里有女巫；这里贝壳最珍贵，那里有人决心改造浴室和购买远洋游艇，以彰显上帝的恩惠；这里有人声称探测到引力波，那里却说关于探测到引力波的声明是错误的。[2] 这就是为什么会有知识社会学甚至科学知识社会学。所有这一切似乎都是显而易见的，这使得要推翻"强沃夫假说"的决心显得更加奇怪。辛顿是对的，我们无法理解一个没有自下而上影响的世界，但如果不考虑自上而下方式的巨大影响，我们也无法描述我们生活的世界。如果我们想正确地描述世界，这两种方式必须共同发挥作用。如果一个人以大脑模型作为模式识别器的层次结构，那么要正确地描述世界，就必须添加额外的层次。如果我们要了解人工智能的现状和潜力，正确地描述世界无疑是一个必要的起点。

　　我在这里讨论的并不是什么新鲜事。约舒亚·本吉奥向我指出，2012 年他写了一篇题为《深度学习与文化进化》（*Deep Learning and Cultural Evolution*）的论文，认为深度学习与文化之间的联系对于理解语言是必要的。

> 　　我们提出了一个理论及其第一个测试实验，将在深层架构中进行学习面临的困难与文化和语言联系起来。该理论围绕以下假设进行了阐述：个体大脑的学习受到有效局部最小值的阻碍，特别是在学习更高级别的抽象概念时，这些抽象概念由多层次表征的组合表示，即由深层架构表示；如果受他人发出的信号引导，人类大脑可以学习这种高级抽象概念，这些信号是对中级和高级抽象概念的提示；语言和心理概念的重组和优化为达到此目的提供了一种有效的进化重组算子。该理论基于对训练深度人工神经网络时所遇到的困难的实验观察，并对学习中级抽象概念需要指导的假设进行了实证检验。这是通过考查一个学习任务来完成的，其中所有测试过的机器学习算法都失败了，除非能提供一个有关中级抽象概念的提示。（本吉奥，2012；https：//arxiv.org/abs/1203.2990）

令人欣慰的是，深度学习和进化算法这种完全独立的方法，也让人们认识到，如果要获取人类知识，就需要文化这个概念。[3]

在我看来，我对所谓的"大神经网络"的讨论引出了这样一个选择：我们可以认为人工智能正试图产生与个体大脑相当的东西，如图 7.1 所示——在这种情况下它会失败，因为大脑不是孤立存在的，人们所知道的大部分东西都是根植于文化之中的。更新奇和有趣的是，深度学习神经网络试图重现整个"大脑社会"，类似于图 7.2，甚至更进一步。它"更进一步"，是因为即使人们意识到个人已经融入社会，整个社会也远远超过了图 7.2 所示的情况，因为即使社会山姆也没有动用社会上的所有大脑，除非可以证明，就他对自然语言的流利程度而言，社会的每个成员都在不断地为语言的发展做出贡献。大多数情况下，人类被置于社会大脑的各个小子集中，甚至是一个单一社会的大脑中——这取决于他们属于哪个子群体。因此，如果神经网络被认为封装了社会中存在的所有知识，那么这会给神经网络带来问题。如果要复制人类知识，就必须找到某种方法将所有知识分成子集，如果人类社会要运转，这似乎是必要的。人类社会的子集通过排除其他子集来运作——他们必须这样做。例如，如果在科学中不是不断地排除各种子集，我们就没有科学，因为相互竞争的观点的杂音会淹没进步。人类社会一直在解决应该重视谁的问题。[4] 第八章将探讨引力波科学家如何管理小组工作。我选择讨论这些科学家是因为我很了解他们，他们也可以作为大多数前沿科学的研究案例。

注释

[1] 参见柯林斯（2011b）的"分形模型（fractal model）"，该模型描述了大型和小型社会群体之间的关系，见第八章。

[2] 例如，见 https：//www.change.org/p/prof-karsten-danzmann-beantworten-sie-bitte-3-fragen-％C3％BCber-das-ligo-experiment。非德语使用者在阅读时会倾向于寻找英文译本而不是德语版本。

[3] 不那么令人兴奋的是，本吉奥用理查德·道金斯（Richard Dawkins）提出的"模因（memes）"概念取代了社会学家所称的文化。当我对此质疑时，他写道：

> 作为一名计算机科学家和深度学习的先驱，我看到"知识块"（一个模因，一个想法）与基因和遗传进化之间存在一个非常强烈和重要的类比，"知识块"之间可以组合，形成问题的解决方案或新的模因。（本吉奥，私人交流，2017 年 9 月 2 日）

社会学家发现"模因"的概念出奇地多余，尽管可以理解的是，那些从事人工智能工作的人会被一个似乎将社会学简化为进化论的想法所吸引。对于社会学家来说，模因的问题在于，只要模因被认为与基因类似，人们就会期望找到与定义明确的物理环境等效的东西，为某些模因而不是其他模因的生存提供条件。但是，一个想法存在而另一个想法消亡（可能是女巫与抵押贷款的关系）的环境就是文化本身，因此谈论模因会将我们立即带回社会学起点，即使它使某些人产生了一种令人欣慰的感觉，即一种更高级和更客观的科学已经取代了社会学。

[4] 有关科学问题解决方案的讨论，请参阅柯林斯、巴特利特（Bartlett）和雷耶斯-加林多（Reyes-Galindo）（2017）。

第八章
人类如何学习计算机无法掌握的内容

一些研究认为，计算机，包括具有类人身体的计算机（例如智能机器人），仅通过利用其内部已经发现的现成模式进行一种自下而上的识别就可以重建我们的世界。这种观点是错误的。人类本身能根据在不同人类社会中发现的多元文化提取出不同的模式，而在同一社会内部也存在文化多样性的现象。这一现象同样也体现在来自相同西方文化背景下的科学家的身上，他们在受到相同的限制并以相同的方式分析"相同"数据时，会出现巨大的分歧。人们对世界的阐释浩如烟海，许多较为宽泛的阐释也存在较大弹性。但无论如何，大多数研究者都愿意接受自上而下模式识别的好的组成部分，这些研究者包括大部分确信计算机通过深度学习或其他类似过程最终可以复制人类智能的人。

◎ 人类从文化中学习

本书认为，人工智能研究现在面临的核心问题是其能否全面融入社会，而社会学研究也面临同样的困扰。假设在自下而上的识别方式无法单独运作的情况下，一名社会学家要从社会学的角度来理解一个社会，就必须通过自上而下的识别方式来获得这个社会的相关信息。为了能够较为彻底地了解一个陌生社会，在调查过程中，社会学家必须调动自己大脑中至少三亿个最高级别的模式识别器来积累与该社会成员大脑中类似的记忆，并且实时跟上那些可接受的模式发生的改变。

人工智能融入社会的问题同样困扰着社会成员。"专业知识周期表"[1]对人们所能掌握的专业知识进行了尽可能详尽的分类，其中包括："泛专业知识"，即社会成员在社会中生存所必须拥有的专业知识；"技术专业知识"，分为五个层次，其中包括"互动性专业知识""贡献性专业知识"等；"元专业知识"，即用于判断其他专业知识的专业知识；等等。人们利用元专业知识来判断存在竞争关系的专家或专业知识之间的好坏，比如人们将茶叶占卜法（一种观察茶渣形状来对事物发展进行预测的行为）与天文学的方法放在一起进行对比，来决定谁在预测彗星等方面更加准确，类似的例子还有很多。当然，元专业知识存在缺陷。正如我们所看到的那样，当一个人决定是否接种疫苗时，比起一个流行病学专家给出的意见，他更倾向于相信那些对此感到焦虑的父母或名人的观点。如果要求计算机像人类一样行事，那么它们就有权像人类一样犯错，但它们的容错率会比人类小得多。无论如何，它们不得不以另一种方式融入社会——它们需要同大部分明智的社会成员一样，能够运用类似的元专业知识做出判断。[2]智能计算机必然会反映社会群体的工作方式。

每个社会都是由层层包含的子群以多维的方式重叠、交叉构成。不同规模的子群之间都存在共性，即一个人只有通过社会化，习得隐性知识以及学习专门的语言才能够融入社会之中，这被称为"社会分形"。图8.1所示是英国社会分形模型的一个平面草图，当然，只有两个维度。

在图8.1中，位于最顶端的是"泛专业知识"。"人行道（pavements）"代表社会成员在社会中生活所掌握的一般知识，根据"道路"拥挤程度，社会成员在"人行道"上可以通过使用这些一般知识来接近其他社会成员，这些一般知识在不同的社会背景下也会有差异；"香蕉（bananas）"指的是英国公民反对欧洲关于香蕉形状的立法

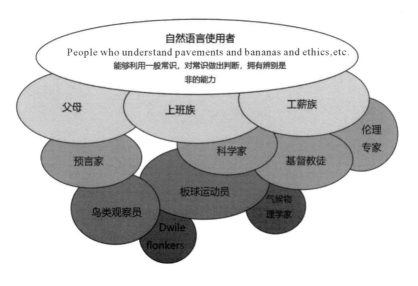

图 8.1 社会分形模型

（这个事情也许是虚构的，毕竟英国公民自己非常清楚香蕉长什么样，并不需要法律来规定）；"伦理（ethics）"这一词条也相当有意思，因为如果没有广泛的伦理专业知识，我们就不会认识到刑事司法系统的合理性——如果社会对错误行为的惩罚是合法的，社会成员就必须有明辨是非的能力（艾娃、萨曼莎和哈尔缺乏这种广泛的专业知识，并且不善于明辨是非）。位于平面模型最底部的词条"甩啤酒布者（Dwile flonkers）"指的是一群参与虚构游戏的玩家，这些玩家可能并不来自同一个社交群体，所以才会滑落到分形模型的最底部，因此他们的存在主要就是为了表明社会分形过程的结束。其他的条目都代表了一个子群，这些子群与英国社会有着相似的特征，且无论规模的大小，每个子群的结构都基本相似，因此分形概念在这些子群中也同样适用。我们可以应用"专业知识周期表"来描述每个子群的泛专业知识（对于一个社会整体来说，每个子群体的众多泛专业知识也可以从整体上看作一种专业知识），然后再对特定子群的元专业知识进行描述。如果计算机想要复制人类的智能，它就必须了解这种专业知识结构。在本章中，我将对元专业知识在引力波物理学中起的作用进行研究。其实针对其他子群（领域）的专业知识也可以进行相同的研究，只是碰巧我对引力波物理学方面的了解相对更加充分。

我将我的引力波物理学项目作为案例来观察人们对陌生文化的理解过程，以及人们及时跟上文化发展变化的过程。我的项目开始于1972年。20世纪90年代中期到21世纪前5年，是我经历的一段非常紧张的时期，当时我和引力波物理学家在一起的时间比和其他任何专家在一起的时间都要长。在本章，我将主要集中于描述2015年9月初在布达佩斯的一场会议上我与几位引力波物理学家进行的交流，以我自己作为"探测器"，来展示人类在引力波物理学领域中的一些互动方式。这次会议举办后仅仅几周，2015年9月14日，人类便迎来了世界性的重大发现——引力波。2016年2月16日，经过系列学术发布会的报道，引力波的发现被公之于众。[3] 在本章中，我还会阐述一些特殊经历，这些经历增加了我对表2.2右侧专业知识的积累。在布达佩斯会议期间，我便有了一个关于撰写本书的构思，于是，我安排了一些原本不可能发生的对话。也正因此，才出现了我所观察到的结果。但幸运的是，几周后，引力波这一重大发现吸引了所有人的注意力。

在进行引力波物理学项目研究之前的几十年，我就已经融入了物理学家的圈子，这也是为什么我仅用短短几天，就能够以交流的方式得到我想要的观察结果。特别重要的是，物理学家们也对我产生了信任。当我们一起吃饭、喝咖啡或参加其他会议时，他们也愿意随时与我交流。多年来，在与他们的交流中，我从未泄露一星半点的秘密，我也一直在刻苦地学习专业知识来努力靠近这一领域，我还以引力波物理学家的身份通过了一个广为宣传的模仿游戏，这些都证明了我对该领域的专业知识有足够的了解，我也有交流的价值，从而我们之间建立了这种信任。[4] 这里的信任，不仅反映了我是如何进入这一领域的，也是对人类合作方式的观察。信任对于我们思考机器是否能模仿人类的问题同样重要。在这种以创造知识为目的的领域中，人与人之间的互动都建立在信任之上，那么计算机如何衡量信任呢？也许艾娃、萨曼莎和哈尔（详见第一章）的情感失败确实给我们带来了一些教训，让我们能够进一步思考这个问题，那么人类又应该如何信任计算机呢？事实上，我们无法依靠计算机来帮助我们保守秘密。不仅如此，我们还必须要建立一个强大的防火墙来保护计算机，当然，这只是目前的情况。

引力波物理学研究带来的经验

表 8.1 主要总结了两个方面的经验，一是我在引力波领域多年投入所获得的长期观察经验，二是我通过在布达佩斯会议的两天对人类互动进行定向观察所获得的短期经验。

表 8.1　人类如何通过互相学习来生产新知识

	类别	解析
1	信任（与）	信任巩固并约束着人类群体
1a	义务	对具有相当地位或能力的另一方抱有义务或责任感可以促进信任的构建
1b	独创性	能够体现出成熟技术的创新想法可以促进信任的构建
1c	专业知识	精湛的技术和明确的研究目标可以促进信任的构建
2	语言流利程度与语言实践	与学习其他领域的技能相同，文化或技术知识是通过不断地语言交流习得的。同样地，这个习得过程中也存在隐性成分
3	社会接触（与）	面对面形式的会议对人类交流来说至关重要
3a	同时性	通过面对面的方式，大多数人的交流可以同时进行，每个人也可以同时了解到不同的交流内容，效率非常高
3b	肢体语言	微笑（表情）和肢体语言可以表达出话语中隐含的意思
3c	隐私性	一些规模较小的团体有严格把控的边界，团体内的交流能够发展新的知识
3d	偶然性	社会接触可能会有一些偶然的交流。这种交流有可能会发展出新的知识
3e	熟悉度	面对面交流可以让你了解你的交流对象，这是无法通过阅读文本获得的
4	信任前提下提出反驳观点	新的想法和认知模式都是在强有力的分歧中产生。这也是为什么社会学家在试图获得新知识时会变得有些叛逆。如果需要通过肢体语言和信任来使分歧达到效果（产生新知识），那么面对面的对话至关重要

	类别	解析
5	同享关系	同享关系（同吃同喝）有助于消解分歧并巩固信任
6	言下之意	对话的转向有时是为了制造分歧，而不仅仅是为了传递话语的字面意义，想要明白这点需要了解所处环境；这是多态行为的一个特征

社会学家会从他们的交流对象所展现出来的信任中获得安全感。以我个人为例，到达布达佩斯时，我注意到，人们对我或以微笑或挥手相迎，或询问我的健康状况，还有人询问我是否参加接下来的一系列会议，被这样对待是因为我已经很好地融入了这个团体，并成为其中的知名成员。在中餐和晚餐时间，我会与圈内名望最高的几个人坐在一起，这并不是什么稀罕事，因为我已经是圈内资历最老的成员之一。

表 8.1 中，1a 行所提到的"义务"是一直都存在的。1972 年，也就是我的项目研究初期，我写信给一些我准备采访的美国科学家们，告诉他们我即将到美国攻读博士学位，并且到达后我会打电话给他们，为他们安排采访事宜。顺利的是，没有一个人拒绝我，尽管我花了一点时间来说服其中一位科学家。当然，这还只是开始。在之后的实地考察中，我能感觉到大家都在包容我，因为我是一名学者，学者们彼此之间存在一种不成文的"义务"关系。

为了能够更好地说明 1b 行提到的信任与独创性之间的关系，我们将视线转回到引力波模仿游戏。在与 9 个引力波物理学家对话时，其中有 7 人无法辨别我的身份，还有两人认为我是真正的物理学家。[5]这个结果十分令人惊讶，主要是因为我事先不知道他们提出的问题的标准答案，所以我不得不即兴思考，给他们一个在任何刊物中都找不到的答案。也正是这种独创性，让接受采访的物理学家们相信，相比于那些真正的物理学家所给出的答案，我给出的回答更具有专业性。

表 8.1 中，1c 行代表的是专业知识。按逻辑来说，1c 行应该先于1b 行，因为 1b 行讨论的独创性其实是专业知识的属性，而专业知识是建立信任的另一个重要因素。真正的专家之所以值得信赖，是因为他们对正在研究探索的事情抱有极强的责任心；相对地，如果一个人在

专业知识方面并不精通，那么他的责任心相对也不会那么强烈。有一部分人为了能够最快速地获得回报，他们在各个领域间反复变换，最后获得的知识少之又少，这种抱有功利心态的人是不值得信任的，权衡回报和责任的过程并不利于构建信任。还有许多其他指标可以体现出责任，例如长期从事一些比较耗时耗力的工作（如经常出差），或者在工作中一直保持自信心和责任心。但这些指标过于明显，所以根本不值一提。

现在，让我们回到我们开展这个实验的初衷。首先，我们想解释Ⅳ级计算机需要具备什么样的功能，即能够完全复制人类的工作方式。Ⅲ级计算机所做的工作与Ⅳ级计算机基本一致，即使它们的工作机制也许有所不同。如果计算机想要模仿人类的工作方式，那么它们就必须按照我们前文所描述的方式，与人类专家建立起信任，以便能够更好地融入核心专家组。现在有一个备受争议的观点，就是计算机必须要有功能完整的类人身体才值得信任。当然，这并不是说计算机一定需要拥有人类运动员一样发达的身体，现实生活中许多身体严重残疾的人同样能够获得信任——但这需要能够充分地表达出支撑信任的情感，而这个过程通常伴有身体活动和身体语言的辅助。然而，与这一观点（德雷福斯也持这一观点）相反的是，身体并不是必需的，因为根据互动性专业知识，一个独立的个体即便缺少完整的类人身体，其对知识的理解并不会差于拥有完整身体的个体。但是，个体确实需要利用身体互动来创造条件，使自身能够通过语言交流，与其他个体进行互动从而获得互动性专业知识。[6]

然而，这里与我们在第一章中的发现相互矛盾。人工智能艾娃、萨曼莎和哈尔都得到了它们人类同伴的信任。不仅如此，人类甚至与艾娃和萨曼莎坠入爱河。但事实证明，这种信任是不合理的。我们认为，之所以会出现这种情况，是因为这些人工智能可以流利地使用人类语言。当然，我们都可能会爱上一些油嘴滑舌的人，这种情况并不罕见。那么我们为什么不能去想象一下，这一小群物理学家会信任他们的计算机，尤其是一台专业技术相当成熟的计算机呢？我们当然可以想象。这也是我们为什么需要时刻保持清醒，意识到计算机的局限性，直到它们成为可信赖的个体。我们不想步入艾娃或者萨曼莎的后尘，也不像哈尔那样，把技术指挥权移交给计算机。这可能也是为什么大多数计算机将不得不进行身体互动来获得信任——谁知道呢！

读者可以注意到，我们目前为止所谈论的都是关于计算机如何获取信任，从而进入人类专家组，进而学习知识并提高它们的学习能力。但恰恰相反的是，当今，计算机通过深度学习来获取知识。深度学习的极限就是给计算机接入世界上所有的知识。在这里，专家们严防死守着"世界"的范畴，因为他们知道，只有他们才能以恰当的方式来解释"世界"上的知识，这同样也是科学研究的特点之一。[7]

接下来，本书将会重点关注在布达佩斯会议上我与引力波物理学家之间的互动过程，并对此展开详细阐述。在阐述过程中，我们将揭示Ⅲ级计算机和Ⅳ级计算机的达成条件，其中包括计算机如何与人类构建信任，以及社会语境如何影响人类互动过程。

语言流利程度与语言实践

如表 8.1 所示，与学习其他领域的技能相同，文化或技术知识是通过不断地进行语言交流习得的。同样地，这个习得过程中也存在隐性成分。这种交流并不是一种单向的教导过程。恰恰相反，一个人必须参与进来，而这通常会产生争论和冲突，例如与交流对象进行争论，也可能是对其他科学家的观点进行辩驳。争论在不断地扩展着科学的边界，因而争论在科学前沿领域也十分常见。2004 年，我发表了一篇文章，解释专业知识的获取和增长过程：

> 作为一名社会学家，你想要对一个全新的专业领域进行研究，但你既不了解行业"玩笑话"，也不了解专业术语。幸运的话，你可以通过他人的谈话内容，推导出一些话语的意思。熬过这段漫长的适应期后，你就可以加入他们的谈话了。也许有一天，当你采访其他专业人士时，受访者会在回答你的问题前停顿一下，并且告诉你："我从来没想过这个问题。"当你达到这个水平后，受访者将乐于与你探讨这一领域的问题，甚至慷慨地回应你提出的批评建议。而你作为一位科学思想和活动的传递者（而非科学家

本身），人们同样会对你所掌握的知识感兴趣。如果你刚从科学家 X 那里访问回来，你也许可以告诉科学家 Y 你在科学家 X 那里的所见所闻……曾经的访谈现在变成了有趣的对话，这些对话对于对话双方来说同样有利。在交流过程中，为了加快谈话进度，你还可以偶尔预测一下对方将要提出什么观点。你也可以在谈话中，以口头方式来填补一些可能会被遗忘的漏洞。你还可以分辨出哪些话是玩笑，哪些话是嘲讽，你甚至可以开自己的玩笑（不过，就本质而言，互动能力不包括能够让你识别出哪些是谎言）。当你能够足够准确地做出分辨时，你甚至可以在一些科学争论中故意唱反调，以此来让对方更加认真地思考。

由此也可以看出，理解专业领域中的玩笑和讽刺是十分重要的。

上述过程可以反映出科学家们的知识习得过程。当然，科学家们与普通人一样，都经历过正规教育，他们也需要同普通人一样在课堂上做笔记，接受老师们的指导。但是，如果他们想要到达科学研究前沿，他们不得不经历一段语言实践过程。在这个过程中，他们必须提出具有挑战性的问题以及建设性意见。有的时候，并不是所有的事情都必须听从老师或者上级的意见——当然，抱着一种无礼的态度是行不通的。但是，我们如果没有做好挑战他们的准备，就永远无法将知识变成自己的东西。真正的知识并不完全来源于课本或者听说教学，更多时候是通过实践或者论证，从而不断地靠近并接触到真正的知识而习得的。一个人阅读了很多关于木工的书籍，收集了许多关于木工的信息，那他就是一名木匠了吗？理论与实践经验不是等同的，他只有通过实践，才能成为一名真正的木匠。同理可得，人们无法通过单向地听取他人的信息来了解木工（获得木工相关的互动性专业知识），只有通过语言实践——与木工领域的专家进行交流，才能真正了解所听到的内容中包含的知识。

社会接触

与计算机互动不同，人类互动的另外一个特点是社会接触。当人们彼此靠近时，他们的工作效率会变得更高，计算机之间则不存在这种联系。之前，在参加一个在澳大利亚举办的引力波物理学术会议时，我了解到，当时的 LIGO（激光干涉引力波天文台）项目主管加里·桑德斯（Garry Sanders）坐了一整天的飞机，从美国加利福尼亚飞往澳大利亚参加会议，会议一结束，又花了整整一天飞回加利福尼亚，没有在澳大利亚过多停留。桑德斯认为他本人很有必要出席会议，这是对每个科学家为引力波研究所做出的努力的一种肯定。

在引力波这个研究领域中，会议的举办同样经历了多年的发展。引力波物理学已经发展成为一门规模较大的学科，也吸引了越来越多的研究者，随着这些研究者们互相了解、构建信任，举办会议的次数也就越来越多。这些会议我大部分都参加过。据我了解，早些年，每年大概举办五六次会议。物理学家们都很清楚，减少会议次数是肯定行不通的。他们也尝试过增加会议次数，但发现这个做法事倍功半——不仅耗时费力，还可能达不到想要的效果。而随着科技的发展，那时候遗留的"面对面"开会的传统也在当今被打破。现在，物理学家们将会议次数减少为每年只开两次主要会议，并认为两次会议就足够了。

在布达佩斯的时候，我问物理学家们为什么不选择呆在家里通过邮件方式或其他电子方式交流，而要亲自来参加会议，毕竟他们这个群体可以称得上是地球上最懂计算机和网络的人。经过采访之后，他们告诉了我答案（以下都是用化名）：

> 科学家 A：这表明面对面的会议形式相对于线上会议更好，所以我们会尽一切努力来到这里。打个比方，我微笑着说了一句话，对方可能并不会感到冒犯，但通过电子邮件，对方看不到我微笑的表情，那么他就可能因为同样的话而非常生气。
>
> 科学家 B：虽然这一周的工作效率不如平时，但我还是来了，所以这一定是值得的。

　　科学家 C：电子邮件固然方便，但仍然有一些限制，而线下会议正是为了克服这些限制而存在的。面对面交流的效率是其他任何交流形式都无法达到的。

　　科学家 B：是的，我和 C 已经认识了十七八年了，彼此之间信任已经不是什么问题，但这对于一些新（加入的）人来说可能还是一个重要待解决的事情。

　　科学家 C：没错，我俩之间还挺互相依赖的。

　　有一天，我在走廊上碰见了科学家 A（表 8.1 中 3d 行强调社会接触的偶然性），他提到现有会议的形式已经发生了很大的改变，现在咖啡时间和午餐时间变得更长，虽然这牺牲了不少正式会议的时间，但是"我们有更多的机会能够互相交流了"。

　　这些科学家都强调了面对面交流的速度和效率。在面对面交流中，思考的速度代表了交换问题和答案的速度。因此，科学家们可以在很短的时间内一起合作处理很多问题。与此相比，电子邮件或者其他远距离互动方式就略逊一筹。不仅如此，通过面对面交流，还可以了解到更多人们真正的意图。

　　科学家 D：在这里，你可以绕过一堆人，在十分钟之内安排好整个事情（一个新的研究合作），你可以立马知道合作伙伴积不积极，他们对研究项目感不感兴趣，你还可以知道他们是否可靠，这些都是通过电子邮件无法判断得出的。在电子邮件里，你可能会收到类似"太棒了！我非常乐意加入你们！"这样的回答，但显然这并不意味着什么。

　　因此，通过面对面会议，我们可以感受到微笑（表 8.1 中 3b 行）、研究小组成员亲密度（表 8.1 中 3a 行）的重要性，这些都无法通过电子邮件体现出来。

　　对于新加入的成员来说，面对面会议还有一项附加效果（表 8.1 中 3e 行）。

科学家 A：对于刚加入的学生来说，了解一些科学家是什么样子，是非常有用的。我也认为这对他们来说十分有帮助。这个过程有助于学生将某个想法与有关的科学家联系起来。我曾经见过一些刚入门的学生做过类似的事情。后来他们去参加会议的时候，对于他们来说，一切都有条不紊地进行着，因为他们对那些科学家已经产生了熟悉的感觉。这种方式也比通过电子邮件向别人介绍自己要好得多。你写了一封电子邮件，告诉别人你是谁，你做了什么事，他们可能并不能从这封邮件中了解到你做的事情与他自己的研究工作的关联性。学生需要有人支持他们，帮助他们在特定社会环境中进行工作，这些都可以通过面对面交流来更好地完成，而通过刻板的电子邮件是难以做到这一点的。

顺便说一句，在我多年来参与的许多线上交流中，包括电子邮件和电话会议，我们都没有使用过视频，而且我们认为视频对交流没有任何帮助。Skype 这款软件很适合你与你的后辈们享受线上的"天伦之乐"，但是它仍然达不到面对面交流的互动效果。当然，这里的意思并不是说视频一点也不能加强线上交流，只是说视频交流和面对面交流之间的差距如此之大，以至于它加强的程度几乎不值一提。电话会议之所以会被广泛接受，是因为它有一个重要的作用——保持了信息的同步交换。

◎ 在学习和创造中增进信任的有力分歧

现在我们转回到通过冲突和争论进行学习这一问题上来：除了我最开始提到的问题（"为什么要亲自参加会议？""为什么不在家里通过电子邮件交流？"）之外，其余的答案都是科学家们自发回应的。大家可以思考一下，与计算机的深度学习相比，这种通过交流获得互动性专业知识的学习方式有什么优势或者劣势。

科学家 D：科学是一项重要的事业，学习也是。你不能仅仅通过阅读来学习知识，你必须参与到交流中来。如果你能够说出"我不同意""我不明白"或者"我认为这个是错的"，你就会在交流过程中更好地理解知识，甚至产生出新的想法。但是如果有一个更加了解这方面知识的人，比如说一位教授，他说"就像这样，懂了吗?"然后你觉得，"我不明白，我觉得我最好再去读一些相关书籍"——这是没有用的。

有一种方法，可以在不冒犯别人的情况下委婉地表达反驳。这个方法可以教你如何礼貌待人，也要求你懂得抓住各种微妙的细节。比如你和对方认识多久了，对方与你的相对地位差距如何，你们交流的场合是否正式——可能是庄严肃穆的正式场合，也可能是晚饭后一起小酌时。"同享"关系（表 8.1 中 5 行）是构建信任的一个常规因素，毕竟没有什么比吃喝更依赖身体的活动了。如何正确地使用这些方法则取决于肢体语言是否恰当。[8]

举个例子，我之前参加了科学家 A 和科学家 C 之间关于一种新的统计分析形式实用性的激烈争论，A 声称这种统计分析可以考虑到某种"干扰"，而 C 则坚持认为这对团队的工作毫无帮助。他们的声音越来越大，争论也越来越激烈，但这种争论与吵架无关。双方都意识到他们正在努力理解对方并试图达成一致，而最好的办法就是直接表达分歧所在，这样就可以迫使对方尽可能有说服力地说出自己的理解，从而引出双方的关键论点。

还有另外一个例子。有一次在午餐时，科学家 A 强硬地对 C 喊道："你以后都不要再用时间滑块了!"——"时间滑块"是引力波物理学中建立背景噪声的基本方法，主要用来估计信号的显著性。但显然，A 并不是这个意思，B 和 C 也知道 A 本意并不如此。A 认为 C 应该从理论研究途径来理解噪声——这才是理解信号显著性的正确方法。但是三位科学家都意识到，在现有技术水平下，我们无法通过理论研究的方法来理解噪声，因此，时间滑块就成了必需选择。A 的意思是，对于物理学家来说，时间滑块是一种遗憾的实用方案，虽然不令人满意，但我们也找不到别的方法来理解噪声。关于这一点，其他两位科学家其实也十分清楚。显然，其他两位物理学家能够明白 A 说的这句话，但我并不能明白，我只是听到了这句话是怎么说的，然后以很浅显的方式对此做出了理解，那么此时，他们俩就不得不向我做出解释。这个例子完美展现了语言理解过程如何体现出多态行为，就像当我向我的妻子打招呼时，我会说："嘿，你这个混蛋！"我们马上就能看到另外一个例子，同样关于面对面交流的话题：

> 科学家 D：当合作者之间产生分歧时，你可能会感到紧张，或者产生误解。你会因为某些成员而感到沮丧，觉得他们做错了事情或者他们的理解有误，甚至会因为进展不顺利而与他们终止合作。接着你就会私底下跟他们见一面，你们会一起喝啤酒，聊聊天，氛围就会变得好起来。如果你不经常这样做，大家之间的误会越来越深，那么事情就会变得更加复杂。也许他们想要比你先得到实验结果，也许他们也有什么不可告人的目的。从某种程度上来说，我们都在努力取得成功。我们与搭档一起工作，我们相互尊重，相互理解，并且想把这样的合作延续下去——这种情况不会出现在电子邮件或电话会议中。那些不来参加面对面会议的人，我感觉他们更喜欢沉浸在自己的世界里。

回到之前"礼貌待人"这一点：

> 科学家 E：我认为，了解交流对象是什么角色也是十分重要的。如果他的职位在你之上，你会倾向于说一些他或者大家都更爱听的东西；但是如果你们处于一个相当的水平，你可能会发表一些更具挑衅性的言论。但这需要一段时间来准备……

科学家 E：这其实是一种激发新思想的好方法，可以避免大家在合作时虽然用了不同的方式，但做着相同的事情。有时候你说出一些很难实行的想法，并不是真的想去做，而只是为了看看其他搭档的反应。有时候新想法就是这样产生的。你并不是一个爱抬杠的人，也不是因为太愚蠢而理解不了搭档们的谈话，你只是想通过这个方法试着推动一下进展。

科学家 C：当然，我都还记得那些在午餐和咖啡时间产生的一些新的见解和想法。偶尔的交谈可以激发出很多新的想法。

科学家 E：我个人认为，这种角色扮演（有一个人站出来唱"反调"）是非常有用的。当有人提出一个观点，我就会试图找到反驳的依据。尽管我本人可能同意这一观点，但我可能没法提供实质性的帮助，所以我只能尝试变得批判起来，我会对那个人说："不对，为什么不是这样或那样呢？"

科学家 D：我曾与一组科学家们有过非常好的科研合作经历。大家彼此之间互相信任，你可以提出你的反对意见，也可以开展一次激烈的争论。他们不会觉得你是个白痴，因为他们相信你很聪明，你很自信。他们会认真对待你提出的问题，真诚地向你做出解释，你也会试图去理解这些回答。在这段合作经历中，我们从思想交流中获得了许多有趣的成果。有一次，一位小组成员说"我想事情应该是这样的"，接着又有人说"我觉得应该是这样，不对，应该是那样"。我们彼此交手，有来有回，不到一个星期，我们就挖掘出了不少新东西，我们一开始真的没有想到这么多。

我们是如何保持讨论而不升级到冲突的？其实我们早就揭露了方法——通过利用肢体语言以及伴随的"同享"关系。同吃同喝有利于拉近社交距离，出现分歧时，则可以用微妙的肢体语言来暗示自己没有敌意。

对肢体语言理解的丧失

表 8.1 中的要点我们已经全都剖析了一遍。上文中，我提到我对科学家 A 耿直的表达（"你以后都不要再用时间滑块了！"）理解得比较慢。现在再回过头来看这个问题，我就明白了，理解肢体语言与理解技术文化是紧密联系在一起的。我现在与这些科学家们的接触没有以往那么有规律了，因此我也受到了一些影响。

某个周二晚餐（这里又一次提到了"同享"关系！）时，我坐在两位资深科学家旁边，其中一位我称其为道格（Doug）。我们的话题转移到了一个"盲注"项目上，这个项目名叫"大狗（Big Dog）"。"盲注"是一种人工信号，一般用于将其注入探测器中，便于科学家们训练他们的分析程序。

2013 年，我出版了一本关于"盲注"的书，其中有一个话题就与"大狗"相关。但是，让我感到有些失望的是，"大狗"统计出来的信号显著性与常规的统计水平相去甚远。迄今为止，引力波学界采用的还是高能物理学的方法。这就意味着，如果要宣布一项新"发现"，仅通过 3～5 西格玛（sigma）操作就得出结论是远远不够的，必须有至少 5 个标准差的统计显著性。这是引力波信号分析中一个深奥的问题，其中蕴含的哲学思想也十分令人费解。我在书中表明，科学家们应该去除"小狗（Little Dog）"的干扰，以增加"大狗"的统计显著性，我也试图提供更多的证据来证明这一点。[9]

道格也提出了类似的观点："当然，'大狗'信号在统计方面是具有显著性的，但是，你还是必须要排除'小狗'的干扰，否则你会在噪声分析中得到一个阶跃函数，这个结果是错误的。"道格说得十分肯定，好像只有傻瓜才会反对他一样。从他的话里我大概可以判断，专家组现在应该一致认同这一观点。听到这话，我感到有点不知所措，但又有点高兴，这说明在那些我试图"证明"的物理学观点中，至少有一点是正确的。在我看来，我离开科学专家组的这段时间里，他们一定取得了某些进展，因此他们现在才会一致同意应该排除"小狗"。

后来，我与另一位资深物理学家昆斯（Quince）进行了交谈。几年前，我曾与他就"小狗"的问题有过一段长时间的争论——当时他坚决认为不能通过排除"小狗"来进行实验。后来我问他，他如何看待现在科学家们普遍认为应该排除"小狗"这一事实。他疑惑地望着我，告诉我他始终坚持他的想法。昆斯还告诉我，他现在是检测委员会的主席，这类问题都由他们来进行决策，但是关于是否应该排除"小狗"一直没有定论。

后来我向周围的科学家打听了一下，发现道格跟我说的与事实不符，而昆斯的观点才反映出了真实情况。要是这段时间我没有与专家组疏远，我就会知道，是否应该排除"小狗"这件事情其实还没有下定论，大家对此的普遍态度也没有转变。但这不是这个问题的本质，就本书而言，问题的关键在于我对道格的肢体语言产生了误解。道格竭尽全力告诉我，排除"小狗"才是明智的选择。他这样做其实并不想让我知道大家对此的普遍想法，他只想告诉我他的态度有多么坚定。道格没有向我透露更多的真相，而是试图制造一些异议（来催化新的观点）："我认为我是对的，我要挑战你的观点！"显然，我误解了他的肢体语言。我离开这个群体太长时间，对其中一些细节也没有之前那么敏感。我不再了解相关的社会语境，错误地将他的观点理解为某种事实或者社会状态，忽略了他其实只是想邀请我一起交流问题。我们可以发现，在缺乏社会语境的情况下，直截了当的陈述方式也存在不可读性——这就是人类的沟通方式。

后来，我将我对这件事情的理解发给了道格，他回复我道："你说得对。"

◎ 中间结论：这项人类互动研究对人工智能的意义

本章给出了一些例子，来说明人类是如何学习和理解新的专业知识，以及这些知识是如何通过一些面对面的活动（包括"同享"以及肢体语言交流）来调节的。我对图 7.2 中最上层神经元与大脑其他部分的联系也进行了说明。正如本书所强调的，人工智能存在这样一个主要问题：机器要进入人类社会，吸收人类文化并进行反馈，取决于机器能否理解社会语境。接下来，我们可以看到机器是如何进入小群体学习并给予反馈的。

这个过程可能会涉及一些前文未提及的人工的方式，这些方式可以用来促进机器更好地进入人类社会。但是，人类之所以会创造人工智能，可能是因为自身存在一定的缺陷：人类的大脑会变得迟钝，无法长时间地工作和集中注意力。人类不需要限制计算机的信息处理量，因为它们能够以一种人类无法做到的方式处理所有的信息。这种说法可能有一定的道理，但信息数量并不是问题所在。为了筛选出谁能进入某一领域的核心层，人类在专业领域外围构建了牢固的界限；人们用来获取和拓展专业知识的方法，也更多地与信息质量而不是数量相关。但这个世界上有太多相反的观点。本章描述的社会互动，构成了一种信息处理方法，人类用这种方法来过滤数量庞大的信息，评估一些持对立观点的信息，进而得出结论。我们很难想象计算机会如何获得这种方法。

◎ 人工智能一些容易被忽视的老毛病

本书主要讨论的是计算机进入人类社会的问题：计算机需要找到方法来理解具体的群体世界以及拥有不同实践方式的子社群。一些拥有新搜索模式的人工智能只在一定程度上解决了这个问题，然而，还有部分问题没有得到解决。并且，这只是让计算机的理解能力更接近当前人类的理解能力，却不能让计算机与人类的理解能力和普遍共识一起变化发展。

不管大多数人工智能研究人员是有意的还是无意的，也许，人工智能进入社会这个问题都已经被意识形态混淆了，这种意识形态使得人工智能与公共领域的关系变得难以理解。这种意识形态将我们看作在进化过程中被塑造出来的个人主义机器，能够在与世界相遇的过程中自由地、开拓地学习一切我们需要的东西。这里有着强烈的政治意识。相比之下，人类和计算机与社会的互动方式必须成为开发通用人工智能的核心。人类几乎所有的知识都来自上层，就像计算机一样，人们以某种隐性方式，从词汇分布、语调、沉默以及与生俱来的肢体语言中获取了大量关于自上而下模式的知识。

库兹韦尔（2012）认为计算机会变得比人类更加聪明，原因如下：

（1）人类通过语言分享知识的速度非常慢，与之相比，计算机能够以极快的速度完成知识的分享过程；

（2）计算机能够从其他机器，最终从人类这里学到知识和技能；

（3）计算机可以通过互联网访问并掌握人类文明所有的知识。

在《危险边缘》节目里，沃森展示了拥有超高处理速度和海量信息所能实现的效果。但人类知识的运作方式却不是这样的。有些事情可以通过增加数据量来解决，但大多数情况下，关键在于如何解释——取决于质量，而不是数量。质量与"信任"紧密相连。在表 8.1 中我们有提到，质量取决于面对面交流的具体情况。

另一个关于引力波探测的事件（将会在后面的章节中提及）将进一步说明可信度在评估事实时的重要性。约瑟夫·韦伯（Joseph Weber）是引力波探测的先驱。20 世纪 60 年代末和 70 年代初，韦伯声称自己探测到了引力波。但直到 1975 年，他的探测结果都没有得到他人的认可（现在也几乎一致认为第一次探测到引力波是在 2015 年 9 月）。1996 年，韦伯在一本物理学杂志上发表了一篇论文，声称他早些年前发现了 γ 射线暴（gamma-ray bursts）和引力波之间的相关性。初看起来，这项发现似乎足够获得诺贝尔奖。但在我采访了大量引力波物理学家后，我才发现，我似乎是这个群体中唯一一个读过这篇论文的人。如果从技术的角度做出评判，韦伯的可信度现在来看非常低，尽管这篇论文看起来十分体面，但物理学家们都不认为它能作为一篇"论文"来看待。然而，对于那些互联网和专家组以外的读者而言，这却是一项科学发现。在 arXiv（一款国际预印本服务器）创始人保罗·金斯伯格（Pual Ginspark）的帮助下，我们发现韦伯这篇论文成功通过了 arXiv 认可系统的测试，这证明这篇论文确实是存在价值的。但他 1996 年发现的数据并不能算作"数据"——只有通过人类的可信度筛选之后，数据才能被称为"数据"。[10]

◎ 小群体、信任以及身体之间的关系

回到小群体如何控制专业边界这一问题上来。人类互动方式，至少在科学研究的前沿，存在一个显著特征，即参与辩论的群体之间存在明确的界限。这其中存在的主要问题不是收集可用信息，而是如何将信息收集和知识贡献限制在可信的范围内。这没有固定的程式，而是在专家组的互动中产生的。

> 科学家 D：作为专家组的一员，有必要去了解别人说的话是否合理，了解人们相信什么、不相信什么，了解什么是前沿的、什么是过时的。你必须亲眼看到其他人的反应，否则你得不到这些信息。打个比方，午餐时你坐在一张桌子旁边，你展示出了一些论文或者观点，你可以看到周围每个人的反应。但如果你是以写信的方式询问他们，（那就不会得到这些反馈了）……

我们从小就学会了信任我们身边那些给我们食物或和我们一起吃饭的人。在我们早期的社会化过程中，没有任何事物鼓励我们去相信较大的群体——相反，我们受到的教育一直告诫我们不要轻易相信陌生人。我们带着这种观念成长、生活、学习，也许这也是科学研究的方式与之如此相似的原因。萨曼莎的 641 位恋人表明，群体规模在其他类型的人际交往中至关重要。顺带一提的是，我们对"老大哥"（独裁统治者）统治的社会持怀疑态度，因为在这种社会环境下，人们会混淆对领导者的忠诚和对家庭的忠诚。

现在来做四个假设：第一，假设对科学的信任是在小群体中通过面对面的互动模式建立起来的；第二，假设一个人接近另一个人时，产生的偶然效应是建立知识以及模式识别的关键条件；第三，假设肢体语言（包括微笑等）是理解语言内容和方式的重要组成部分；第四，假设"吃"以及"喝"是顶层神经元互相作用的重要组成部分。在以上四个假设成立的情况下，能否说明身体是理解知识的必要条件？

首先，答案是肯定的，但是这里所讨论的身体，并不是形成个体大脑物理世界模型的条件，而是个体与其他个体产生相互作用，进而达成共识的一种条件；这个身体主要与其他身体和思想的互动有关，而非与物理世界的互动。[11] 其次，正如前文所指出的那样，身体并不是必要的，因为有些人（例如残疾人）在现实生活中没有能力进行肢体互动，但仍然可以在科学社会环境中充实自己。

科学研究中的劳动分工使得进行社会互动的需求多种多样：并非每位科学家都是某个领域的全能专家。毕竟，非智能计算机做了许多曾经只有杰出的科学家才能做的复杂计算。那些杰出的科学家正在做一些非智能计算机可以完成的事情，但这并不意味着整个科学能由非智能计算机完成，否则就会回到简单的 BACON 模型。我们知道，如果想要发挥人类科学的作用，那么人类群体中很大一部分人必须拥有能够进行互动的身体；正如之前讨论过的，在集体层面，身体是必不可少的。因此，如果我们想要制造出能模仿所有领域科学家的人工智能——它还能复制科学前沿发现的几乎所有的人类能力——那么我们就必须让机器拥有类人身体；同时，还要构建出人类在小群体中所依赖的信任关系，并构造出将所有不信任人员隔离在外的界限。即使你决定忽略时间的长短，要利用非智能机器人来完成所有的人类科学，但事实上，科学之外还有许多人类活动正在创造出各种知识，所以分工的问题不会因此消失。

前面关于计算机是否需要身体的讨论中，有人认为，仅仅通过沉浸在适当的话语中，单个计算机可以学习和理解任何已知的与集体实践相关的知识。但是，在这里，除非大多数个体都拥有合适的身体，否则个体将无法参与到创造新知识所需的交流之中，并且，考虑到隐私以及对科学家话语空间边界的控制，如果个体缺少合适的身体，那么他将无法学习某些专业知识。

135

注释

[1]　详见柯林斯和埃文斯（2007）。

[2]　类似的问题我们将在第九章讨论谷歌的"网页排名（pager-ank）"时再次进行讨论。

[3]　关于发现引力波的相关实时记录请参阅柯林斯（2017）的《引力之吻》（*Gravity's Kiss*）一书。《引力的阴影》（*Gravity's Shadow*）（柯林斯，2004a）详细介绍了引力波研究领域早期的社会学历史，《引力幽灵与大狗》（*Gravity's Ghost and Big Dog*）一书则在这一发现之前就详细介绍了两次相关数据分析的训练情况，并详细挖掘了其中的一些技术细节。

[4]　详见第四章第4条注释。

[5]　根据我们的协议，为了能够配合参与者对自己给出的判断进行信心程度的划分，我们提供了从低到高4个等级来描述信心水平，其中，我们将1级和2级视为"不知道"。如果忽略这个限制，9位参与者的判断如下：7人对柯林斯持信任态度，1人判断正确，1人选择"不知道"。

[6]　在描述苏联时代政治家之间的信任构建时，往往会描写到他们饮用大量的伏特加，而描述现代美国商人之间的信任构建时，涉及的往往都是山地自行车、壁球、网球或高尔夫等运动项目。

[7]　这里也涉及一些财产的保护问题，详见柯林斯的《引力之吻》（2017）。里面提供了从科学社会学知识延伸出的与"边界作业（boundary work）"相关的大量文献，其中包含一个关键概念"核心组"。"核心组"是指在科学争论的中心真正做科研的极少数专家（柯林斯，1985，1992）。虽然构建、理解和管理物理学的边界是非常困难的事情，但它对科学的发展仍然至关重要。它不仅与学科本身有关，也与社会学理解有关。

[8]　在我2004年出版的著作《引力的阴影》以及在我和埃文斯对这本书的评论中，详细描述了我与当时的LIGO项目主管进行了激烈的技术性争论：考虑到我有一段较长时间的面对面互动经历，我只能选择以这种方法与项目主管进行交流。

［9］　我不在这里解释"小狗"，我在《引力之吻》（2017）中已经对"小狗"进行了讨论，并且在《引力幽灵与大狗》（2013a）中有更加详细的阐述，同时，本书的附录二也对"小狗"进行了简要的介绍。

［10］　韦伯的这篇论文（1996）由韦伯和拉达克（Radak）共同发表；柯林斯、金斯伯格和雷耶斯·加林多（Reyes-Galindo）（2016）报告了利用 arXiv 自动过滤器的测试。有一些读者可能会思考这样一个问题，"2017 年 8 月，科学家发现双中子星系统的引力波与 γ 射线暴同时发生，这难道不能证明韦伯是正确的吗?"这种想法很好地例证了外行/内行的观点。韦伯的引力探测器对很多数量级都不太敏感，因此可能无法对上述系统进行观测。

［11］　可与德雷福斯和托德斯（Todes）模型进行对比。

第九章
人工智能的两类模型与未来发展方向

我们都很想知道，在可预见的未来，人工智能是否会发展成一般智能。如果不会，我们就很有必要对其进行广泛深入的理解，以免未来我们会反过来受制于这些愚蠢的计算机。我们发现，要理解人工智能可能达到的最高成绩，我们需要从六个层面来进行思考。这六个层面的主要区别在于我们人类所做的不对称修复：第一，我们是否试图使人工智能模仿或完全复制人类的能力；第二，我们是在研究寄生在人类社会中的独立机器，还是在研究智能机器自主群体；第三，自主机器是否拥有身体，以及这些身体是类人的还是异形的。现在的人工智能还处于Ⅱ级（非对称性文化吸收者）向Ⅲ级（对称性文化吸收者）边缘缓慢靠近的阶段。这两个级别之间的差距至关重要。Ⅲ级人工智能能够通过最严格的图灵测试，因而满足成为一般智能的标准，这也是本书讨论的重点。但是，计算机如果想要达到Ⅲ级，就必须植入大量的人类思维和人类社会运作方式。换句话说，当人工智能达到Ⅲ级后，它们会比预想的更接近Ⅳ级的程度；但这个问题仍有待解决。

另一种了解人工智能的方法是根据两类人工智能模型来进行分析，这两类人工智能模型与我们之前讨论过的两种科学模型有关：单调模型（monotonic model）和调制模型（modulated model）。在单调模型下，计算机不需要学习人类社会的文化就能达到人类的极限，这已经成了一个公认的科学认识。而调制模型则要求具有一般智能的机器进入人类社会进行学习，因为科学技术都是在人类社会中发展起来的。本书探讨的主要问题，是计算机是否正在进入人类社会，尤其是深度学习计算机是否正在通过无限大的数据库学习人类知识。

单调模型

在单调模型下，计算机的智能表现形式是一样的——硅结点越多，晶体管尺寸就越小，计算机运行速度就越快，这意味着计算机将拥有容量更大、速度更快、更加聪明的人工大脑，来帮助它们构建一个具有普遍性、内容一致性的超级百科。随着运算速度的指数级增长，计算机的智能将达到人类智能的程度，并最终以难以想象的方式超过人类。

这种对计算机智能单调性的认识得到了以下观点的支持：科学是真实、明确、普遍的知识的积累。在这个观点的支持下，我们对大脑的理解与对科学家的理解是基本一致的。具有普遍性的知识一定是由我们所在的物质世界产出的，而不是通过人类的言语行为产出的——普遍性知识类似于底层逻辑（例如数学），因此它只能通过自下而上的模式生成。科学研究是一个复杂的类 geon 模型，这是一个支持 BA-CON 以及开普勒定律的简单科学模型。由于社会科学家不支持单调模型，他们所能做的就是描述出一个熔岩灯——知识浮出水面的时间比我们想象的慢，但这是由于人类太脆弱。更快的"计算机大脑"通过对液体加热，可以促使油迅速到达表面，而不用理会在科学领域中发生的所有社会互动，也不用理会社会科学家所研究的社会互动；如果计算机运行速度增长到一定程度，其获得知识的时间就可以短到忽略不计，也就没有再考虑社会互动的必要了。在单调模型下，真正的人类知识都以自下而上的方式产生。而笨拙的人类，充其量只能作为这个过程中的调节者。正是由于进化，即便是笨拙的人类也到达了正确的终点，因为只有那些能够了解或得出真正知识的人才能够生存下来。

调制模型

本书还提到了另外一种模型——调制模型。这个模型一开始只是个体大脑草图，库兹韦尔在这个草图中描绘了数以亿计分层排列的模式识别器。但无论是人类大脑，还是人工大脑，都具有开发潜力，因此我们没有任何方法对其智能做出假设；艾娃、萨曼莎和哈尔都是由电影制作人创造出来的人工智能，在它们的大脑中，没有任何产生智能的物质结构。如果我们不再假设大脑独自面对世界就能自动填充科学知识，调制模型的主要研究问题就是探究人类大脑或者人工大脑的知识填充过程。社会学家受其意识形态的影响，主要考虑自上而下的填充过程。但在这里，意识形态已经被修改，认为如果没有一些自下而上的填充，这个世界将变得毫无意义，这将导致世界的概念和感知结构失去普遍性。导致世界分类方式所有差异的有趣过程都是自下而上的，但这只是所有知识存在的必要条件。在分析现有的人工智能时，我们发现，无论是在事实上还是在描述人工智能的工作方式上，自下而上和自上而下的知识填充方式之间的关系并不明确。

对于社会学家来说，20世纪70年代这段时期非常重要，因为人们这时候开始努力对科学有更好的理解。即使这不被相信，或者被认为只是揭示了像熔岩灯一样缓慢而稳定的科学过程，也无关紧要。因为在绝大多数的科学研究中，知识产生的过程并不稳定；它不像天体和亚原子粒子的运动过程，这些过程涉及复杂的运作程序，因此也会相对更加稳定。如果用非科学文化企业的运作来代表知识产生的过程，我们就会知道稳定的运作机制绝不是由底层来驱动的。这就是为什么人类文化以及亚文化——甚至科学领域的亚文化——会对世界有很多不同的看法：大脑中存在的知识识别模式有很大的不同。我们大多数人都认为引力波于2015年9月首次被探测到，但有一些在大学工作的物理学家不相信这一点（详见柯林斯著《引力之吻》），并且认为实际的发现时间早于我们对气候变化、计量经济模型等其他知识的研究。

大脑的调制模型可以在单调模型的基础上构建。具体方法就是在库兹韦尔的大脑草图中模式识别器层次之上再添加一层神经元，构成一层新的"大脑皮层"，它包含了所有与个体大脑互相作用的其他中枢。这层额外的类神经元层也称"社会层（societal layer）"，它会对其他大脑皮层的识别模式进行强化或否决，这与个体高层次大脑皮层的调制方式相似，但相比之下，前者的调制机制更加稀疏、缓慢，也更加复杂。

◎ 对身体的重新审视

大脑与身体之间到底有怎样的关系呢？对 GOFAI（出色的老式人工智能）的一个有影响力的批评认为，计算机必须拥有身体才能产生智能。有趣的是，如果这个观点是对的，那么流利的纯语言图灵测试意味着是在没有机器人技术或类似技术的情况下进行的测试。但这种德雷福斯式观点显然是错误且狭隘的，这世界上还有许多因残疾而身体不健全的人，难道他们就不聪明了吗？脱离了身体，社会学家在某些目标文化方面同样可以很聪明，他们不需要实践，也不需要成为贡献型专家，可以仅通过语言的方式获得互动性专业知识并了解亚文化。但这种无身体工作的能力在集体层面并不适用：如果没有身体，人类永远发展不出我们现在所拥有的知识。举个例子，对于球类运动语言的发展来说，能够双脚站立并且拥有两个完整的大拇指是必要条件（这只是最基本的条件），但这远远是不够的，尤其是对于乒乓球和板球这类球类运动的发展而言。因此，人工智能与身体之间存在一种二元关系。

这种二元关系再次说明，人类在学习科学知识，并且在小规模、封闭的群体中创造科学知识时，他们与外界的边界是由"信任"控制的。人们没有试图将创造新知识的方法最大化。相反，人们找到了方法去"限制"这个过程。"信任"是这些互动过程的核心。面对面的互动非常重要，这让人们开始重新关注身体的重要性：人们通过一起吃饭、喝酒、微笑和其他肢体语言来构建"信任"；正确的肢体语言可以帮助构建有效的社会语境，让人们了解一件事或一句话的言外之意，这对人类来说是一种很重要的能力。以上都是一些关于知识创造中多态行为的例子。矛盾之所以存在，是因为不是每个人都必须参与身体上的互动，我们可以在分析时排除这类人。另外（再次强调），我们必须把集体活动和特定的个人活动区分开来。人类之间存在劳动分工，这使得在没有身体互动的情况下，人们也可能为科学做出贡献。但一般来说，Ⅲ级人工智能在模仿人类活动时，也确实需要一定数量的参与者来进行身体互动活动，给人工智能创造学习条件。互动能力的测试可以通过单独测试语言能力来进行，因为在缺乏身体互动的情况下，语言互动的重要性十分明显。

◎ 互联网与人类文化的形成

当我们对人工大脑注入文化的方法有了恰当的思考之后，我们就可以提出这样的问题：吸收互联网上的信息是否能等同于习得一种文化。如果我们将文化习得的范式等同于社会学家学习新文化的方法，我们就会看到这两者之间，尤其在文化参与新模式的创造时，存在显著差异。

深度学习计算机可以学习互联网上所有的知识，潜在地习得大部分人类语言互动能力，来降低古语或方言带来的影响。不管是现在还是将来，深度学习计算机都会不断地更新它们的知识库；计算机的前沿知识也在不断地接近"当下"。现在，当我们处理计算机问题时，我们不再只着眼于某个时刻。我们也会回顾过去，但只使用很短暂的时间。

但是，人类创造新的模式，涉及的不仅仅是紧跟前沿，还能够帮助创造前沿。毫无疑问，计算机是有这个能力的。然而，在社会中要如何合法地打破规则并且开创先例，这取决于人工智能对微妙的、多重的社会语境的认知（本书开头提出的观点）。通常，计算机还可以解决人类之间激烈的分歧。很明显，从互联网上学习知识不等于参与了知识创造的过程。

◎ 新型人工智能与新的关联

库兹韦尔对人工智能支持者和批判者之间的关系颇有微词。他认为，人工智能永远都不可能赢得人类的信任，因为批判者总是在不断地改变他们的批判目标。机器人击败了象棋世界冠军，有人会说："那只是下了一局国际象棋罢了。"在《危险边缘》节目中成功获胜的机器人沃森，现在正被用于处理双关语识别和一些以前我们认为计算机做不了的事情，但还是有人会认为"这只是蛮力"。曾经被认为是天马行空的自动驾驶汽车马上就能得到普及，但一次意外事故（最近发生了一件特斯拉撞上白色拖车并导致驾驶人员死亡的案件）就埋葬了它的成就。一旦被认为无法实现的事情实现了，人们就会开始怀疑它的真实性。库兹韦尔用了一个有趣的笑话来表达他对此类事件的挫败感。

> （对 Siri 偶尔出现错误的）抱怨让我想起一个能下棋的狗的故事。面对怀疑和提问，狗的主人回答说："是的，它确实会下棋，但它不太知道一局棋如何结束。"（库兹韦尔，2012）

我们可以看到，库兹韦尔想告诉那些批判者，大脑本身就只是一个基于统计的模式识别器，所以这些蛮力方法都是真实有效的。在我看来，不管这个观点成立与否，这个回答是很恰当的。我们不能说完全正确，只能说十分恰当，因为这个答案正视了问题。[1] 而那些刻意无视现象，总是寻找攻击点的批判者发出的抱怨，即使正确地描述了所发生的事情，也是完全"错误"的。

即使面对受意识形态驱动的人工智能，我们也应该以包容、辩证的态度来接受它的失败；批判者改变了他们的批判点，这同样值得庆祝，因为这证明人工智能向最终目标又靠近了一步。批判以及改变批判点是一项由科学家和批判者共同承担的任务，就像在自然科学知识的创造过程中，批判和创造是伙伴关系一样。我们对此抱有希望，因为人工智能领域的领导者们，例如约瑟夫·魏森鲍姆（Joseph Weizenbaum）、特里·威诺格拉德（Terry Winograd），以及最近出现的赫克托·莱维斯克和欧内斯特·戴维斯，他们不仅发展了这个学科，还推动了人们对其局限性的理解。[2] 为了能够推动学科前沿领域的发展，我们必须时刻保持谦虚，能够看到所在领域的局限性。

网页排名

可以用一种更加具体的方式来看待人工智能进入社会的问题。我们利用谷歌进行搜索，会返回按顺序排列的结果，这个过程由一种名为"网页排名（pagerank）"的算法控制。网页排名会根据受欢迎程度来返回条目，条目以网页链接或类似的数据来表示。这种结果可以侧面反映社会上的热点事件。网页排名会将所有谷歌的用户或者相关事件与当前社会关注的问题联系起来，这一点十分人性化。但是网页排名还是存在两个问题。第一个问题比较明显，即有些资本家显然掌握了这种游戏规则，利用这一点来使他们的公司网页更加突出，以吸引更多资本。第二个问题相对比较严重，那就是普遍受欢迎不再是一个优势，因为数量不能取代质量；能够即时访问网络信息与了解专家组知识这两者之间存在很大差别。这一点正变得愈加明显，人工智能领域内外的每个人都注意到了这一点。网页排名缺乏元专业知识。

20 世纪 90 年代末，英国爆发流行性腮腺炎、麻疹和风疹（MMR），许多人反对接种三联疫苗，进而爆发了反疫苗运动。运动发起者安德鲁·韦克菲尔德（Andrew Wakefield）个人或者团体应该会在网络上留下非常重要的痕迹。但是，安德鲁反对疫苗接种的声明没有任何科学依据，而且这场反疫苗运动显然与安德鲁的经济利益（推销单独区分的疫苗）挂钩。粗糙的网页排名直接反映出了安德鲁及其支持者的突出地位，引发民众恐慌，使事态加剧。谷歌公司意识到问题的严重性，便努力寻找另一种网页排名的原则。

> 网络资源的质量传统上是使用外部信号（例如图的超链接结构）来进行评估的。我们提出了一种依赖内部信号评估的新方法，即用内容来源来评估网络资源的好坏。只有没有虚假事实的内容才会被判定为值得信任的内容……我们将通过这个方法计算出的信任值称为知识信任指数（knowledge-based trust，KBT）。我们利用一些合成数据进行了实验，实验结果表明我们的方法确实可以可靠地计算

出知识来源的可信度。我们将其应用到了一个大小约 2.8B 的事实数据库中，估算出了 1.19 亿个网页的可信度。（http://arxiv.org/pdf/1502.03519v1.pdf）

这种方法在估算领域的可信度方面非常有价值，但在涉及相互竞争的科学假设时可能无法提供什么帮助。人们可能会认为，除了韦伯在 1996 年写的那篇关于引力波和 γ 射线暴相关性的论文，几乎所有前沿科学网站报道的事实都是正确的。正如大多数人所看到的，假设事实错误是一篇论文的通常做法，这样的假设也是争论的焦点，因此不能在讨论之前就下定论，认为其是错误的。就韦伯的论文而言，依据韦伯的社会地位而将其论文判为错误，这样的判断显然无法进行事实核查。这样的判断又创造出了事实：虽然韦伯的说法不再可信，但这可以促进对引力波模式生成过程的研究，而不是对模式自下而上的检测。[3]

科学具有社会性，以不同的方式运作。物理学家总是想竭尽全力发现自己的错误，哪怕有一点点出错的可能，就会拒绝接受自己可能已经发现的东西；他们不要别的，只要真理。而人工智能领域中一些雄心勃勃的科学家似乎经常在尝试赢得他们的对手——那些批判者，而不是为了寻找真理（批判者通常也会陷入同样的陷阱）；批判者们确实一直在改变自己的批判目标，但真正的问题在于是批判者在批判，而不是科学家在自我批判。如果这些人工智能科学家真的想要寻找真理，他们就会不断地自问："我们真的通过了 Ⅲ级/Ⅳ级/图灵测试吗？"，他们应该不断地寻找自己的弱点，以尽可能地提高研究的难度。当人工智能还是一个缺乏资金的研究领域时，我们姑且还能为研究中存在的问题找一些借口。如今，人工智能领域的前沿专家已经是世界上最强大的科学家群体之一，如果没有他们的投入，对人工智能的监管和评估就不可能做到应有的彻底性。他们应该像物理学家那样，将人工智能变为正确开展科学的目标课程。这是完全可以实现的，因为物理学家们已经做到了这一点。这将意味着我们要一直努力寻找新的方法，来表明我们做到的事情比表面上看起来的其实要少，而不是更多；这类似于波普尔（Popper）的证伪主义，是科学研究的核心规范。[4]

　　库兹韦尔的观点是正确的，他认为语言的流利程度是了解计算机是否已经实现一般智能的关键，而图灵测试中应该使用我们能力范围内能够设计的最高要求。但是，如果要使图灵测试的要求足够高，就必须要有各种专家的技能和理解。所以我认为，人工智能领域的新"领导人"需要采取一些措施，来做一些与他们之前的行为背道而驰的事情。他们应该停止举办那些仅仅为科学新秀的胜利而欢呼的会议；或者修改一下会议的形式，在每一个成功案例之后展示出一个失败案例，并对这些失败案例进行研究和说明。他们还应该建立一个委员会，由"领导人"提供资金和组织人员来（减少干扰"噪声"）提高计算机的准确性，就像汽车制造商也会测量并告诉人们汽车的尾气污染程度一样。当然，关键在于人工智能的"制造商"不会像一些汽车制造商那样欺骗公众。新型人工智能行业足够年轻，其创造者也足够年轻，一切都还有待我们去探索、去想象。

注释

[1] 莱维斯克（2017）在"中文屋"概念中（第三章）对这一论点有更完善的阐释。他想象，在中文屋中，讲中文的人通过记忆塞尔为不会讲中文的人假设的查找表来学习中文。换句话说，大脑就是一个中文屋。这个版本也表明了确定内部状态十分困难。

[2] 魏森鲍姆（1976），威诺格拉德和弗洛里斯（1986）；莱维斯克和戴维斯的贡献从头到尾都有提及。

[3] 有关过去的科学决策规范内容详见柯林斯和韦内尔（2011），柯林斯、巴特利特和雷耶斯·加林多（2017）。

[4] 详见柯林斯和埃文斯（2017）对科学规范的分析。

第十章

编辑测试和图灵测试的其他新版本

我在第一章就已经提到，现在我们已经拥有了纯粹的基于语言功能，且结果更加准确的新图灵测试，这是人工智能发展过程中一个重要的、令人耳目一新的变化。新测试基于威诺格拉德模式开展。[1] 赫克托·莱维斯克和他的同事们专注于利用"常识性知识"——泛专业知识，即我们为了立足于社会必须要了解的知识——来为计算机设置挑战。[2]

威诺格拉德模式是指当句子中一个词发生变化时，代词的指代也会发生变化。对于这些句子的理解有赖于对世界的认知和理解。初看起来，这些是无法通过统计的手段进行规避的。威诺格拉德发明了首个实例：

> 市议员拒绝示威者举行游行示威活动，因为他们**害怕/支持**发生暴乱。

在这个句子中，"他们"具体指代的是谁，要取决于后面的动词是"害怕"还是"支持"，判断的诀窍就在此。在图灵测试中，机器会根据这个词的具体意义来对前面的代词做出判断。在这种情况下，如果这里的动词是"害怕"，那么"他们"指的就是"市议员"；

如果动词是"支持"，那么"他们"指的就是"示威者"。

还有另外一个比较著名的例子：

> 奖杯与这个棕色手提箱不匹配，因为它太**大**/小了。

莱维斯克和他的同事们开发出了一套现成的威诺格拉德程序，在需要的时候可以立马将其植入图灵测试中。他们希望能够将图灵测试程序化，尽量减少实时人工干涉，并通过预测和存储人类受访者的答案，来尽量避免进行实时判断。测试会自动评分。

> ……我认为，当面对新情况，也就是在完全出乎意料的不同于以往的情况下，常识是非常重要的。在测试中使用句子，是因为通过改变词义来改变句意是一件很简单的事情，有的时候虽然单词非常简单，但是句子的意思却完全不同。因此，我在测试中使用的句子都与这种句子类似（我在一篇论文中称之为"谷歌证明"），我们还需要专家来构建案例数据库（并预先对其进行测试以确保它们可以正常工作）。我们希望，提前做好了这些准备，实际测试仍然可以以一种几乎全自动化的方式进行。（莱维斯克，私人通信，2017 年 5 月 18 日）[3]

2016 年，威诺格拉德挑战赛于纽约举办。[4] 挑战赛设置了 60 个基于威诺格拉德模式的多项选择题，并提供了六台计算机来进行测试。如果仅仅通过猜测或者参考随机数表来回答，平均正确率可以达到 44％，而当组织人员对人类参赛者进行测试时，结果的正确率可以达到 90％以上。四舍五入后，六台计算机的实际正确率分别为 45％、32％、48％、48％、58％和 58％。[5] 这个测试有个难度更高的第二阶段。但是，这六台计算机第一阶段的得分都不足以进入第二阶段继续进行测试。

测试最后的结果是，六台计算机全部都失败了。然而，更令人失望的是，这些计算机都不是来自资源丰富和技术成熟的团队。我向约舒亚·本吉奥询问了这个现象的相关问题（私人通信，2017 年 5 月 18 日）：

> 柯林斯：您认为深度学习计算机可以通过这个测试吗？
> （举了一个基于威诺格拉德模式的例子）
>
> 本吉奥：现在是肯定不行的，但是未来一定行。
>
> 柯林斯：没有一个厉害的团队愿意来参加这个测试，您觉得这背后的原因是什么？
>
> 本吉奥：因为我们自己也清楚，我们当前的测试模型中并没有足够的常识来支撑测试，并且我们缺乏足够的"训练数据"来进行监督学习。
>
> 柯林斯：您和您的同事会考虑参加下一届（2018年）测试吗？
>
> 本吉奥：这需要等到基础研究能够让人工智能完成无监督的强化学习（我现在正在做的工作），捕捉到所处环境中的因果联系，并学会如何控制和表示这些因果联系，以便计划任务的解决方案（这个过程首先会在模拟视频的环境中完成），然后再将其转置到一个大规模的有人类参与的环境中，并以对话作为媒介。

我向杰弗里·辛顿询问了同样的问题，但他的回答却有些漫不经心。他说，他曾安排一位叫伊利亚·苏茨克弗（Ilya Sutskever）的同事尝试在他们自己的测试中解决威诺格拉德模式的问题。该实验是通过将句子翻译成法语，然后计算机通过法语句子中代词的性（阴性、阳性或中性）来"理解"（保留的词不同，代词的性也会不同）。威诺格拉德在其博士论文中首次提出了翻译可以指引原文词义的观点。[6]

我们，以及你们，亲爱的读者们，可以用谷歌翻译试试这个方法。现在的谷歌翻译基于深度学习技术，比之前要好用得多了（https：//www.nytimes.com/2016/12/14/magazine/the-great-ai-awakening.html? mcubz=3）。这也意味着，我们在使用谷歌翻译时，我们其实正在向人工智能和深度学习领域的前沿看齐。

我们可以利用谷歌翻译将含有"奖杯"与"手提箱"的句子翻译为法语（必须使用"it is"而不是"It's"，否则谷歌翻译会返回中性的"c'est"）。谷歌翻译会返回以下两种结果（2017年9月）：

> Le trophée ne rentre pas dans la valise marron parce qu'il est trop grand. （奖杯不适合放在棕色手提箱里，因为它太大了。）

以及：

> Le trophée ne rentre pas dans la valise marron parce qu'il est trop petit. （奖杯不适合放在棕色手提箱里，因为它太小了。）

152　　第一个翻译是正确的。但在第二个翻译中，代词被识别为阳性而不是阴性，因此被错误地理解为代指奖杯而不是手提箱。[7] 显然，谷歌翻译无法理解句子，也就是说，它无法识别隐含的上下文含义。

辛顿告诉我，苏茨克弗测试了其他实例，结果跟这个没有区别。他接着解释道：

> 一个拥有 10 亿个参数的机器翻译网络，其参数仅相当于 1 立方毫米的（大脑）皮质，即大脑扫描中的一个体素（体素是添加了第三维深度的脑部扫描像素）。我认为，我们将需要至少 10000 亿个参数（翻译机器网络的 1000 多倍）来囊括所有必要的世界知识（假设你只有在尝试翻译之后才能看到测试句子，而这些句子的内容存在很大的不确定性，所以测试模型可能需要几乎所有的常识性知识）。以我们目前的能力，对 1 立方厘米（1000 立方毫米）的大脑进行建模都还是一件非常难的事情。

我们现在可以知道为什么没有厉害的团队来参加威诺格拉德测试——他们知道现在和未来一段时间内做这种测试都将毫无意义。我们清楚，现在考虑利用深度学习来解决人工智能的语言流利问题还为时过早，任何乐观主义都不能建立在结果之上，而应该建立在这样的假设上——事物将快速发展。比如，在扩展的摩尔定律的情况下，1000 个体素并不多。如果辛顿的观点是对的，那么在不久的将来，我们可以发现谷歌翻译已经解决了威诺格拉德模式的问题。库兹韦尔曾经预言，人工智能将于2029年通过图灵测试。虽然我不这么认为，但到时候我们就会知道结果——这十分令人兴奋，不是吗？

欧内斯特·戴维斯提出的简单而巧妙的问题提供了另一种基于常识的方法。[8] 以下是从大量例子中提取出来的三个例子：

> （1）玛丽拥有一只名叫保罗的金丝雀。保罗有活在1750年的祖先吗？
> （2）西瓜可以折叠吗？
> （3）乔治不小心往牛奶里倒了一些漂白剂。他可以在避开漂白剂的情况下喝掉牛奶吗？[9]

这三个例子的有趣之处在于，这些都是常识性问题，没有书面的答案。但是当人们一看到这些问题时，就知道该怎么回答。在这里，答案是基于本能的，也不可能在网上找到。因此，如果在2017年8月28日，我在谷歌上搜索"我可以折叠一个西瓜吗"，我不会得到我想要的答案。我们可以通过预先准备一个带有多项选择答案的测试，在不使用实时专业知识的情况下，先对人类进行测试并自动评分。

乍一看，我想不出任何方法让计算机学会回答这些问题；我甚至不明白，为什么我会知道我能够回答这些问题，因为这些答案是我的"关系隐性知识"体系中的元素。[10] 似乎将"关系隐性知识"体系与威诺格拉德模式放在一起，能为图灵测试的第一次扩展提供一个极好的方法。但是，如果考虑扩展的摩尔定律，这种方法似乎就显得有点过时。在开始讨论之前，让我们看看莱维斯克、戴维斯及其同事的研究方法的另一个方面。

莱维斯克将注意力转到所谓的"超人类谬论（super-human falla-cy）"上，这是派珀特和明斯基在人工智能早期遭遇敌视时期提出的一种观点。[11] 根据莱维斯克的"超人类谬论"，计算机通过图灵测试所应达到的标准不能等同于人类的极限，因为几乎没有人类能达到这样的标准；我们不能要求计算机来创作莎士比亚的作品或写一首完美的诗歌。[12] 在第三章，我一笔带过了这个问题，说我们需要一个标准的文本来解决文本校对问题，这个标准只有全世界最顶尖的、0.1％的人工编辑可以达到。我们也许可以根据"专业知识三维模型（three-dimensional model of expertise）"更系统地探讨这个问题。[13]

许多传统哲学和心理学专业知识分析的问题在于，它们首先假设专业知识必须深奥、难懂且必须非常容易造成理解上的混乱。在人工智能发展的早期，这种混乱可能会导致一个假设，即语言处理不是一个关键的问题——如果每个人都能很好地掌握语言，那么语言就不会成为计算机发展的一个主要障碍，因为计算机能够进行超速计算，而这超越了人类能力。后来人们试图纠正问题所在，开始强调常识性知识的难度。"专业知识三维模型"的出发点是假设获取专业知识主要是获取与某个领域相关的隐性知识。例如拉小提琴或骑平衡车，这种行为属于"躯体隐性知识"，而"关系隐性知识"包括对物理世界的常识性理解，在语言流利方面指的是"集体隐性知识"。在三维图的三个维度中，第一个维度，即 Z 轴，指的是传统的个人能力维度——有些人只是想在某些方面比别人更加出色。在图 10.1 所示的三维图中，我们称之为"个人成就指数"。

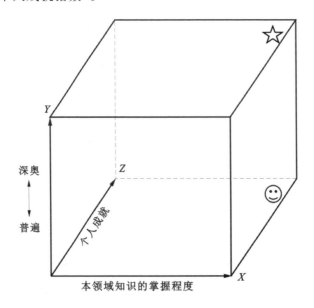

图 10.1　专业知识三维模型

X 轴代表拥有隐性知识的个人融入社会的程度：入门期的时长和学习深度，或者语言的社会化程度（考虑到互动性专业知识的重要性）。Y 轴表示某一专业知识，例如母语或一些深奥的专业知识（如引力波物理学），在多大程度上是一种普遍存在的专业知识。

我认为，在关于计算机应该在图灵测试中代表什么身份的辩论中，不同维度之间可能存在一些混淆。我觉得莱维斯克想要表达的是，我们不应该测试计算机在深奥的专业方面的能力，例如计算机到底算不算一流的剧作家或诗人。我十分同意这个观点。如果要以深奥的专业知识作为图灵测试的目标，就需要一些拥有且精通该专业的人来控制测试流程并判断测试结果，但这都不是我们想要做的。所以我们应达成共识，在未来的图灵测试中，我们应该更多地关注泛专业知识，例如母语等。[14] 因此，我们将着眼于"专业知识三维图"的底部来进行研究。当然，我们同样也希望能够顺着 X 轴和 Y 轴的方向进行发掘，进而能够不断更新图灵测试的目标；我们想将计算机与拥有"极高才干"的人进行比较，这也是一种通过泛专业来描述特定专业的方法。当我们将语言和 X 轴放到一起讨论时，不会选择把计算机与尚未完全掌握自然语言技能的幼儿进行比较，而是选择将其与语言流利的成年人进行比较。如果计算机的语言流畅性达到一定程度，可以把它们沿 Y 轴发展到与剧作家或诗人的领域进行比较。在讨论 Z 轴时，我们不会选择将计算机与自闭症患者或其他患有某种疾病的人进行比较，因为这些疾病会降低人们理解母语的能力——我们想让计算机与我们能找到的最好的母语使用者进行比较。如果我们在 X 轴和 Z 轴上研究得不够深入，计算机的任务就会变得过于简单，我们也会因此无法探索到人类的全部能力。在我看来，这也证明了将前 0.1% 的文本校对从业者选为图灵测试中的"目标专家"这一做法是基本合理的。如果用三维图来表达，我们应该让计算机通过学习处于空间底部、背面、右上角（大致是图 10.1 中"笑脸"的位置）的知识来复制专业人士的能力；然而，在理想的条件下，测试的设计者需要了解程序如何工作等深奥复杂的原理，以便他们能更好地规避程序中的弱点，这些原理应该来自三维图中顶部、背部、右上角的某个位置（大致是图 10.1 中五角星的位置）。

最后需要提到的是，当谈论诸如人工智能赢得国际象棋或围棋之类的事情时，对于人工智能支持者来说，"超人类谬论"似乎不是什么问题。在这种情况下，人工智能支持者会大声宣布他们的"机械天才"成功击败了所有会下棋的人类。但是，在面对自然语言的时候，为什么我们对计算机不会抱有同样的期望呢？答案要追溯到技术上定义的目标和文化上定义的目标之间的区别（见第五章）。你不可能在语言上打败所有人，因为语言流利不是个人属性，而是个人从他们所处的社会中借来的东西，而人类集体也在不断地重新定义流利的标准，所以一个人试图用流利的语言击败其他人是没有意义的。我认为这进一步阐明了技术上定义的目标和文化上定义的目标之间的差异，并再次说明了为什么在进行合适的图灵测试时，测试计算机嵌入社会的水平是有逻辑必要性的。

◎ 编辑测试及其优势

回到戴维斯、莱维斯克和其他人的观点上，我认为任何预先准备的测试都不适用于面向未来。事实上，有人告诉我，有一些问题几乎已经不能称为"问题"了，因为"词嵌入（word-embedding）"的使用已经指明了研究发展的方向。[15] 2007 年，有一个词库网站可用于查找当时英语中词/概念之间的关系。如果我现在使用该词库来研究"西瓜能否折叠"的例子，我会发现词库中"西瓜（watermelon）"和"折叠（fold）"的关系是"0.03378"，而"西瓜（watermelon）"与"切（cut）"的关系是"0.284858"。[16] 另一个网站能够列出"watermelon"两侧的搭配区域中出现频率最高的 50 个单词，它们分别是：

> punch, man, watermelon, white, eat, seeds, tourmaline, seed, strawberry, eating, rind, seedless, slice, cantaloupe, pink, red, sugar, company, juice, fruit, festival, chicken, wild, tomatoes, salad, slices, sweet, pineapple, ice, mosaic, tomato, melon, juicy, flavor, crawl, vanilla, fresh, audio, spitting, electric, pickles, slim, strawberries, blog, blue, green, woman, wheat, honeydew, pepper

"fold"没有出现在上面的单词中！从表面看，这个结果不值一提，但它在一定程度上显示了语言中单词的关系能够表明概念之间的关系。[17] 也许"词嵌入"只是统计实践中的一种互动性专业知识……但其优点在于，我们不需要向任何人对类似的结果进行解释：人们正在通过"词嵌入"揭示语言中存在的"隐性"关系。在上面的例子中，"隐性"关系指的就是"watermelon"一词的搭配区域中没有"fold"一词的现象。通过"词嵌入"，流利的语言使用者可以在不被告知的情况下学会一些具有实际意义的知识；这一学习过程是隐性的。与互动性专业知识相同，常识性知识在语言中没有得到明面上的解释。[18]

如果想象一下扩展的摩尔定律的指数增长可能会对未来人工智能的发展带来的影响，我们就可以看到其他可能性。考虑威诺格拉德模式；事实上，人们可以在网上找到此类例句的列表。戴维斯（1972）收集和构建过一个包含 177 个条目的列表[19]，其正确答案如下：

> 1. 市议员拒绝示威者举行游行示威活动，因为他们害怕发生暴乱。
>
> 片段：他们害怕发生暴乱
>
> A. 市议员
>
> B. 示威者
>
> 正确答案：A
>
> 2. 市议员拒绝示威者举行游行示威活动，因为他们支持发生暴乱。
>
> 片段：他们支持发生暴乱
>
> A. 市议员
>
> B. 示威者
>
> 正确答案：B

通过这样的分析，177 个例子所包含的不确定性都被消除了。假设深度学习计算机已经或将会很好地融入网络中，它们也可以从中学习。[20] 从某种程度上来说，如果要将这种例子用于图灵测试，那么这两种答案带来的可能性都必须存储起来。这个过程也侧面证明了计算机正在监视我们在电脑或智能手机上输入的所有内容，并监听我们在电话上说的所有内容。而且，回想 2001 年的哈尔，我们必须预料到这样一种情况——如果我们看到一个联网的摄像头，那么我们写的任何东西都会被破译，我们所说的任何话都会通过唇语被录入数据库！因此，当这些新的人工智能被制造出来时，人类将不得不坚持使用纸和铅笔，在没有摄像头的封闭房间里默默地工作，而新的测试清单则必须存储在银行金库或类似的强安保性设施中。这一切看起来有点像科幻小说，但扩展的摩尔定律的含义本身就非常科幻——我们很难想象指数级的变化会把我们变成什么样。事实证明，当今，即使是在没有技术成熟的团队参与的情况下，新型测试也表现得非常出色，而且在未来，人工智能的测试无疑将继续这一趋势。但从长远来看会发生什么呢？

有可能是，解决威诺格拉德模式和戴维斯问题所需的大部分常识性知识，能规范地存储在计算机中，这些计算机配备了类似莱纳特的 CYC 等项目开发的数据库。[21] CYC 旨在抽取和存储世界上所有百科全书中的知识，毫无疑问，其中也包括存储在其他参考书中的较低级别的常识性知识。我甚至还听说 CYC 雇用了大批研究生和其他高学历的人，试图将常识性知识形式化。也许 CYC 可以与深度学习技术相结合，用于解决威诺格拉德模式问题，因为这类模式仍然依赖于常识性知识。即使是你从未接触过的知识，旨在将常识不断形式化的人类编程大军也会将其编入程序。[22] 其实，"关系隐性知识"在某种程度上是可以被阐释的——例如，你只能折叠其中一个维度比其他两个维度短得多的三维物品，而西瓜具有三个相似的维度——尽管不能一次全部解释清楚，但在未来，可能会有某种方式能够对其进行充分的解释，帮助不具备人类完全能力的计算机通过图灵测试。我不得不承认，常识的"数量"如此庞大，以至于我无法想象 CYC 会有什么类型的解决方案。人们也意识到了很难去高估这种解决方案，所以还是稳妥一点好。[23]

出于这个原因，如果我们到达一个可以由人工智能处理威诺格拉德模式和常识性知识的时代，我就会设想下一个批判目标。考虑到未来可能出现的具有启发性的评判意见，我建议研究应该着眼于用实时的、新生的知识对计算机进行测试，这些知识都与在现实对话中实时打破规则、建立先例和进行修复的行为关联在一起；我们不可能预见每一种拼写错误或创造性的单词处理方式，因为字母组合的数量实在是多到宇宙都快容不下了。

我认为，在要求严格的图灵测试中，一个重要的元素是实时的"编辑测试"，编辑测试最大限度地降低了对预先准备和独创性的需求。在编辑测试中，询问者会插入一些非标准短语，包括一些打破规则和开创先例的新例子。编辑测试还能检测计算机是否已从人工智能的 II 级过渡到 III 级，因为 III 级人工智能在修复破碎语言方面的能力与人类相差无几。人工智能进行编辑测试，就相当于在参与最终导致发现引力波或任何类似创造性科学成果的对话。就我们使用文字的方式而言，我们可以每天甚至每隔几分钟就有这样的发明；但物理层面上的新常识并不能以这种方式产生，因为物理世界是相对固定的，而语言世界总是在不断变化。是的，我们可以就物理层面提出以前无法想象的问题，但由于物理世界的相对稳定性和潜在可解释性，能预料到这类问题的可能性微乎其微。此外，由于原生语言社会化以及随之而来的人类对语言的修复和编辑技能，我们可以自主地创新语言、理解语言，并从简单错误中分类出正确的信息，这件事每个人都可以做到，而且速度还会很快，任何拥有语言能力的人都可以实时完成这个过程。"我要用这句话中的某个词做一些有趣的事情，看看（ees）计算机是否知道该怎么做"：我刚刚在打字的时候发明了这句话的一个新版本！（当然，编辑器/计算机不必更改任何内容）而且，如果我想加倍确定正在发生的事情："我会先拼错'weird'，然后再拼对'wierd'，看看计算机是否和我的编辑一样聪明。"（在这本书的上下文中，什么都不用改变，但是在图灵测试中，weird 和 wierd 都需要改变。这个变化需要大量的思考来理解，需要有人沿着图 10.1 的 X 轴和 Z 轴不断深入研究进行解决。）[24] 有人认为，如果计算机不能像完全社会化的人类那样了解语言，在以顶级文本编辑从业者为标准的情况下，它们将无法通过编辑测试。而如果人工智能真的能做到这一点，我们将不得不承认它们已经成功地完成了语言社会化，并因此获得了一般智能。重申之前提出的一点，并非所有人都能够编辑难度较大的语篇段落，一时粗心或者胆小都会导致文本编辑的失败。但是，如果计算机以前从未遇到过这样的句子，那么它们能够正确地对文本进行编辑吗？它们不仅需要理解文本的上下文，而且在某种情况下，还需要理解任务的社会环境，例如，它们是在编辑书籍还是在参加图灵测试。正如前面提到的，有关人工智能的重大论断是二元平衡的：如果有人声称Ⅲ级或Ⅳ级人工智能会实现，那么他就必须能够证明现在有一台计算机至少可以完成 99.9% 的人工编辑能完成的工作。而且，为了做出更好的测试，所有的专家需要站在同一战线上，共同发明足够新颖和高标准的测试。

这种活动非常重要。首先举办这种活动是为了避免向批判者"妥协"，再就是出于意识形态的原因。因为人工智能的最终发展目标，就是摧毁我们人类的独特性，从而表明我们人类也不过是机器罢了。我们人类有什么特别之处呢？这也许是人类曾经解决过的最重要的问题。如果我们想要得出可信的答案，那么我们将不得不利用我们所掌握的每一分聪明才智来寻找人类剩余的独特性，并提供对大多数人都无法预见的新事物的理解。在根本没有真正解决问题的情况下，人们可能已经使用蛮力和其他"诡计"来解决问题。

我们需要专家的分析来回答一些关于深度学习中相对简单的问题。当对动物、摩托车和小提琴等进行无监督模式识别时，我们有两种识别方法：一是选择一组完全随机的照片，二是选择以物体主体为中心的照片。两种方法到底存在哪些异同？机器在训练期间进行了多少次显性标记或隐性标记？也许已经有人尝试沿着这些思路进行实验，也许没有。表 2.2 中左侧的专家应该知道，如果他们不知道，他们也有足够资源去进行尝试。

这些实验的结果和图灵测试的情况应该公之于众，应该鼓励人们更多地关注这些东西，而不是支持运动队或流行歌星。如果我能活到那个时候，当有强大的团队认为是时候让他们的程序接受图灵测试时，我会非常激动。如果他们第一次克服障碍，我希望这本书的存在能够激励下一步的展开，使接下来的测试更难，也更精彩。这是多么光明的前景！只要计算机未能通过越来越困难的测试，即使人们被自动驾驶汽车、机器人护理人员和几乎无懈可击的自动医疗诊断师包围，他们也不会因此就变得懒惰——人们将继续抗争，不断拉长这段战线，妥协的时间将会再推迟一点。与此同时，我们人类几乎都是语言专家。我们可以，而且应该不断地测试计算机使用语言的弱点和缺陷。我们可以通过使用我们自己的消歧程序来做到这一点：通过谷歌翻译适当地运行威诺格拉德模式，从戴维斯的列表中寻找那些在法语中使用不同词性的代词引用，[25] 或者直接发明新的方法！

还可以用我的例子或你自己的新例子来尝试进行编辑测试。或者更简单一些，你的智能手机连接着世界上一些最好的人工智能计算机程序，你可以尝试给 Siri 或其他不断改进的同类程序一些棘手的转录任务，比如对着它说"嘿 Siri，我希望你在这个句子里把 i 放在 e 前面"，或者试着在嘈杂的环境中低声咕哝一些正常句子。通过转录任务，我们也可以对人工智能进行一些流畅且简单的图灵测试。所有这些测试都可以在人类身上进行，供你或者图灵测试委员会进行比较。你也可以开发属于你自己的消歧设备，并且每当人工智能取得新的突破时去尝试它。在写本书的时候，我并不激动，因为我知道，拼写、语法检验以及转录，这些测试都会失败。但是，因为这些测试，最前沿的自动编辑器会变得越来越有价值。请记住，我这么做不仅仅是因为这个过程很有趣，更重要的是，这是"语言的使用和教育的普遍观念"，这个过程将帮助我们，不管是人类还是人工智能，在世界上立足。

注释

[1]   新图灵测试源于赫克托·莱维斯克的工作，例如《常识、图灵测试，以及对真正人工智能的探索》（*Common Sense，the Turing Test，and the Quest for Real AI*）（莱维斯克，2017）和更早的《威诺格拉德模式的挑战》（*The Winograd Schema Challenge*）（莱维斯克等，2012）。新的比赛反映出人们对以《人工智能杂志》（*AI Magazine*）第 37/1 期特刊（2016 年春）为标志的新图灵测试重新燃起了兴趣。在大多数情况下，考虑到计算机的类人身体活动或类似情况，特刊中的文章关注的主要是图灵测试的拓展内容，但也有一些文章坚持认为语言才是关键。

[2]   柯林斯和埃文斯（2007）。如第九章所述，社会中的每个专业都有其自身普遍存在的专业知识，以类似分形的方式存在。例如，在引力波物理学中，泛专业知识包括广义相对论和热力学第二定律，而对于普通人而言，泛专业知识主要是一些与日常生活相关的常识。

[3]   在《常识、图灵测试，以及对真正人工智能的探索》（莱维斯克，2017）中，参考莱维斯克的测试版本，我们发现："不需要专家评委。"

[4]   由摩根斯坦（Morgenstern）、戴维斯和奥尔蒂斯（Ortiz）建立；详情可查看《计划、执行和评估威诺格拉德模式挑战》（2016）或查询网址 http：//commonsensereasoning. org/wino grad. html。

[5]   引自欧内斯特·戴维斯 2016 年 8 月 27 日的私人通信内容。该内容后来发表于《人工智能杂志》（2016）。

[6]   见本书第一章。特别感谢安东尼·科恩（Antony Cohn）向我指出这一点。1971 年，威诺格拉德在麻省理工学院发表了题为"用于理解自然语言的计算机程序中作为数据表示的过程"（*Procedures as a Representation for Data in a Computer Program for Understanding Natural Language*）的论文。

[7]　　　如果我们尝试输入：

The council women refused to give out a permit for a demonstration because they feared violence

我们能够词性正确地输出结果：

Les femmes du conseil ont refusé de donner un permis pour une manifestation parce qu' elles craignaient la violence

但如果我们输入：

The council women refused to give the men a permit for a demonstration because they feared violence

我们就会得到下面的输出结果：

Les femmes du conseil ont refusé de donner aux hommes un permis de manifestation parce qu' ils craignaient la violence

看起来，在表达含糊不清或有歧义的时候，阳性是默认的用法。你们也可以自己尝试来看看。

[8]　　戴维斯（2016）。

[9]　　你可以对着苹果语音助手尝试这些问题！

[10]　　柯林斯（2010）将隐性知识分为三种：关系型、躯体型和集体型。

[11]　　例如，派珀特于 1968 年发表了一篇具有批判性的论文，名为《休伯特·德雷福斯的人工智能：谬误的预算》（*The Artificial Intelligence of Hubert Dreyfus: A Budget of Fallacies*）。

[12]　　私人通信内容，2017 年春/夏。

[13]　　详见《现象学和认知科学》（*Phenomenology and the Cognitive Sciences*）（柯林斯，2013b）。

[14]　　有趣的是，《如何提出对人容易而对计算机难的科学问题》（*How to Write Science Questions that are Easy for People and Hard for Computers*）（戴维斯，2016）的后半部分提到，有一些测试被开发时在 Y 轴上稍微向上升了一些，因为这些测试要求具有高中科学的理解能力。

[15]　感谢约舒亚·本吉奥提醒我用词嵌入来解决问题。

[16]　"1.000"意味着这两个词总是搭配出现。

[17]　正如戴维斯向我指出的那样，虽然"杂耍（juggle）"不会在这个词表中出现，但你同样可以"杂耍一个西瓜"（就是字面意思）。如果词语搭配之间存在某种力的话，那么这种力并不仅仅来自一两个词之间的关系，而来自语料库中所有词之间的关系；这里我们只是对词搭配的潜力有了一点了解。

[18]　在《引力的阴影》中，我也写了一些可以用相同方法思考的内容：真相创造中间接的一面更加有趣。会议是群体学习当下真理以及美德的地方；群体能够学到单词的用法以及如何在相处过程中礼貌地说出正确的单词。因此，在一次又一次的会议上，韦伯（一名先驱科学家，他声称自己已经看到了高通量引力波，但在 1975 年被质疑）会站起来展示他的论文，解释道他很久以前就已经发现了引力波，参会代表们也知道正确的反应是静静地继续下一篇论文。后来，即使在韦伯不在场的情况下，甚至不会出现在文字中的情况下，会议也会照常进行。在我参加比萨会议的第一天（1996 年），我听了每一篇论文的汇报，其中韦伯的名字只被提到过一次，还只是顺带一提。

[19]　详见网址：http：//www.cs.nyu.edu/faculty/davise/papers/WinogradSchemas/WSCollection.xml。

[20]　尽管戴维斯告诉我构建新的模式不是一件难事，但是他也承认他不知道潜在的威诺格拉德模式列表究竟会有多大。

[21]　详见网址 https：//en.wikipedia.org/wiki/Cyc。本吉奥对使用游戏视频进行计算机深度学习教学的评论（前文内容）提醒了我们，很多常识性知识已经编入了这些实际项目中。

[22]　戴维斯（2017）提到了众包的可能性。

[23]　戴维斯（私人通信，2017 年 8 月 31 日）说，目前还不清楚常识性问题的范围是否非常庞大，但他个人认为不是。有关此类更多讨论，详见佩利斯（Perlis, 2016）。

[24]　本吉奥（私人通信，2017 年 8 月 31 日）表示，他相信深度学习技术将能够解决这些问题，"通过完全按照你说的去做，也

就是说，在语言环境中嵌入深度学习机器，并进一步以我们所说的实际的方式去做，即在某个特定环境中，其中单词指的是这个环境中的事物、地点、动作等。"

如果不把计算机想象成一个社会化的人，我是无法理解这个解决方案的。但我并不是要尝试去预言，只是解释一下我们目前所处的状况。如果本吉奥所说的是对的，那么我们就可以看到，为了让这些计算机能够拥有完全流利的语言能力，我们就必须说明要完成哪些更加创新的事情；似乎双方都认为这个过程会涉及嵌入社会生活的语言环境。

[25] 详情见网址：http：//www.cs.nyu.edu/faculty/davise/papers/ Winograd Schemas/WSCollection.xml。

附录一
当今互联网如何运作

如果我在谷歌搜索引擎中输入一段关于"Cmabrigde Uinervtisy"的错误拼写内容，搜索引擎仍然会响应。返回的第一个 URL 是 https：//www.learnthat. org/news/cna-yuoraed-tihs/。这是一个关于"十岁"剑桥实验的故事。

如果你在搜索字段中插入带有混乱单词的无意义段落，结果会更令人惊讶。

> at aoccdrnig be olny rsceareh a it mtaetr in oerdr the waht dseno' t to ltteres a are，the iproamtnt pclae Uinervtisy，taht tihng lsat is the and wrod Cmabrigde ltteer in the in rghit frsit.

输入上面这串字段后，谷歌返回了一个类似的URL 列表，我认为谷歌将其中的乱码单词都识别为了属于最初剑桥实验的内容。因此，谷歌在这里做的事情与人类所做的不同，因为谷歌似乎对这段话是否有意义有些漠不关心，而我们人类则不然。但是在这两次搜索中，我出版的《隐性和显性知识》一书（在书中我比较了剑桥实验中较长版本的摘录和我的拼写混乱版本的摘录），都出现在了返回内容的第一页，这个结果表明谷歌并没有破译出这段文字，但我的书中却出现了先例。

现在我们来尝试一些不同的东西。让我们先来创造一个新的乱码段落。这是我写给我的医生的一封信，虽然都是乱码，但是却不是无意义的内容——这封信没有也不会在任何地方发表，至少我不会发表。

> I am rlaley srroy auobt msniisg my atnpipeonmt wtih
> you bekood for 8：40am on 13 Jnue. It is no eucsxe but，as
> yl' uol see form yuor rrcdoes，taht day is my bhadtriy and
> wehn I akwoe my wfie gvae me my crad and a nebmur of
> pertsnes and we set auobt pnnainlg the day - the anpnpteo-
> imt wnet rhgit out of my haed.

我觉得，你作为一个读者，应该能够像阅读有序的"Cmabrigde Uinervtisy"段落一样来阅读这段文字。

如果在 2016 年 7 月 5 日将这段文本放入谷歌搜索引擎中，不会返回任何结果，因为这个文本"与任何文本都不匹配"。然而，如果本书以某种网络可访问的形式出现，那么该段落将可以被谷歌识别。你可以试一试——如果谷歌不承认这个段落来自本书，那么我可以直接跳过接下来的内容——也许再过一两年，当谷歌能够识别出本书的时候，这段内容又会回到大家的视野中。如果谷歌认为这个段落属于本书的内容，那么我们就可以继续尝试更多的实验。

接下来要做的事情就是让你把这段话"翻译"成正常的英语。我不打算在这里进行这个步骤，因为我如果做了，译文就会随着本书的出版而发表出来，这不是我所希望的。但是，如果你想要写出正确的文本并输入，或者将其剪切并复制到谷歌中搜索，我打赌，你会得到与我相似的结果。2015 年 7 月 5 日，我做了这样的尝试，谷歌返回了一份混乱的条目列表，这些条目与我输入的文本没有任何关系。谷歌对文本意义的构建不感兴趣，这是显而易见的。对于已经发表了的乱码文本，谷歌可以找到一个合适的答案；但是对于未发表的文本，当它被翻译为意义表达完全正确的文本时，谷歌就无法找到正确的结果。当然，迟早有一天，任何人都可以通过将所有文本（包括有意义的段落）放在某个网站上来阻碍实验进展。

如果你想尝试更多的实验来回避这种阻碍，你可以对选取的文本，保持每个单词的第一个字母和最后一个字母相同，同时重新排列单词中的字母顺序来构建乱码文段。这样产生的新文本应该还是比较易于阅读的。你可以尝试打乱词序，看看你自己或者其他人是否会对该文本产生陌生感，从而看看这个文本是否变得不可读。当然，你也可以将这个文本输入谷歌搜索，看看会发生什么。[1]

我们在这里主要说明谷歌和互联网总是在向后看，尽管它们能回顾到距离当今较近的地方。这就是新人工智能与更新较少的旧人工智能的区别。"小狗"同样说明了这一点：它们在联网上几乎不可见（在撰写本书时），因为它们属于引力波探测方面的术语，是只有内部圈子（包括我的书）才知道的术语。

注释

[1] 正如我们从简单的字谜查找程序的实验中看到的那样，"蛮力"可能足以在不依赖谷歌的情况下进行各种修复。顺便提一句，现在有现成的程序可以为您混淆单词（http：//www. bluestwave. com/toolbox_letter_scrambler. php），但我还是建议你自己动手完成这个过程，因为当访问该程序时，人们很容易就能掌握它，并使它能做的事情变得不那么有意义。

附录二

"小狗"

探测引力波需要至少两个相隔很远的探测器同时爆发能量。第一个引力波发现是由路易斯安那州和华盛顿州相隔约 2000 英里的探测器做出的。但要让这样的发现令人信服，就必须证明这样的事情不是偶然发生的，问题是探测器总是被一些"小故障"所困扰——由"噪声"而不是信号引起的能量爆发。为了估计噪声单独产生一些小故障的可能性，科学家构建了一系列"时间滑块"测试：一个探测器的输出在时间步长上沿着另一个探测器的输出"滑动"，并且在每个时间步长都进行重合搜索。这种高能爆发的时间偏移要同时发生只能由噪声单独引起，因为这个过程中不存在其他适当的巧合原因。统计置信度（statistical confidence）是根据类似能量的这种偏移"巧合"的数量与数百万时间滑块中的真正巧合数量计算得出的。

这里讨论的问题发生在寻找被称为"大狗"的盲注过程中——"大狗"是以变异源"大犬座（Canis Major）"命名的（犬类动物命名也由此而来）。在时间滑动中，一个探测器中推定的重合信号的偏移与另一个探测器中的偏移相反时，就会出现一只"小狗"，该偏移显然是由噪声引起的。如果假设偏移信号确实是真实信号，那么这只"小狗"就不是一个偏移巧合，因为它的一半根本不是噪声，而是真正的信号。因此，它不应该作为概率计算中的偏移信号。但如果推定信号不是真实信号，那么"小狗"就是一个合适的偏移信号，且应该出现在噪声计算中，从而降低推定信号的统计置信度。麻烦的是，我们只有在进行了噪声计算之后才知道推定信号是否为真实信号，因此统计置信度的计算包含一个循环过程。这就是关于"小狗"是否应该被包括在噪音计算中的争论的来源。在《引力幽灵与大狗》（柯林斯，2013a）中，我试图先验证"小狗"不应该被包括在其中。

参 考 文 献

［1］ Barrow，John D. 1999. Impossibility： The Limits of Science and the Science of Limits. New York： Oxford University Press.

［2］ Bengio，Yoshua 2012. 'Evolving Culture vs Local Minima'，29 November 2012. Available at：〈http：//arXiv：1203. 2990v2〉［cs. LG］.

［3］ Bengio，Yoshua 2014. 'Deep Learning and Cultural Evolution'，in Proceedings of the Companion Publication of the 2014 Annual Conference on Genetic and Evolutionary Computation，pp. 1-2. Available at：〈http：//dl. acm. org/citation. cfm? id＝2598395〉.

［4］ Biederman，Irving 1987. ' Recognition-by-Components：A Theory of Human Image Understanding'，Psychological Review 94：115-47.

［5］ Blackwell，Alan F. 2015. 'Interacting with an Inferred World：The Challenge of Machine Learning for Humane Computer Interaction'，in Proceedings of Critical Alternatives：The 5th Decennial Aarhus Conference，pp. 169-80. Available at：〈http：//dx. doi. org/10. 7146/aahcc. v1i1. 21197〉.

［6］ Blackwell，Alan F. 2017. 'Objective Functions，Deep Learning and Random Forests'，Contribution to

Science in the Forest, *Science in the Past*, Needham Institute, Cambridge. Available at: 〈http: //www. cl. cam. ac. uk/～afb21/publications/Blackwell ObjectiveFunctions. pdf〉.

[7] Boden, Margaret A. 2008. Mind as Machine: A History of Cognitive Science. Oxford: Clarendon Press.

[8] Collins, Harry 1981. 'What is TRASP: The Radical Programme as a Methodological Imperative', Philosophy of the Social Sciences 11: 215-24.

[9] Collins, Harry 1985/92. Changing Order: Replication and Induction in Scientific Practice. Beverley Hills and London: Sage; 2nd edition 1992, Chicago: University of Chicago Press.

[10] Collins, Harry 1990. Artificial Experts: Social Knowledge and Intelligent Machines. Cambridge: MIT Press.

[11] Collins, Harry 1996. 'Embedded or Embodied? A Review of Hubert Dreyfus's What Computers Still Can't Do', Artificial Intelligence 80/1: 99-117.

[12] Collins, Harry 2000. 'Four Kinds of Knowledge, Two (or maybe Three) Kinds of Embodiment, and the Question of Artifical Intelligence', in Jeff Malpas and Mark A. Wrathall (eds), Heidegger, Coping, and Cognitive Science: Essays in Honor of Hubert L. Dreyfus, vol. 2. Cambridge: MIT Press, pp. 179-95.

[13] Collins, Harry 2001. 'Tacit Knowledge, Trust, and the Q of Sapphire', Social 150 Studies of Science 31/1: 71-85.

[14] Collins, Harry 2004a. Gravity's Shadow: The Search for Gravitational Waves. Chicago: University of Chicago Press.

[15] Collins, Harry 2004b. 'How Do You Know You've Alternated?', Social Studies of Science 34/1: 103-6.

[16] Collins, Harry 2007. 'Mathematical Understanding and the Physical Sciences', in Collins (ed.), Case Studies of Expertise and Experience: Special issue of Studies in History and Philosophy of Science 38/4: 667-85.

［17］Collins，Harry 2010. Tacit and Explicit Knowledge. Chicago：University of Chicago Press.

［18］Collins，Harry 2011a. Gravity's Ghost：Scientific Discovery in the TwentyFirst Century. Chicago：University of Chicago Press.

［19］Collins，Harry 2011b. 'Language and Practice'，Social Studies of Science 41/2：271-300.

［20］Collins，Harry 2013a. Gravity's Ghost and Big Dog：Scientific Discovery and Social Analysis in the Twenty-First Century. Chicago：University of Chicago Press (includes a reprint of Gravity's Ghost) .

［21］Collins，Harry 2013b. 'Three Dimensions of Expertise'，Phenomenology and the Cognitive Sciences 12/2：253-73.

［22］Collins，Harry 2014. Are We All Scientific Experts Now? Cambridge：Polity.

［23］Collins，Harry 2016. 'Interactional Expertise and Embodiment'，in Jorgen Sandberg，Linda Rouleau，Ann Langley and Haridimos Tsoukas (eds)，Skilful Performance：Enacting Expertise，Competence，and Capabilities in Organizations：Perspectives on Process Organization Studies (P-PROS)，vol. 7. Oxford：Oxford University Press. Available at：〈http：//arxiv. org/abs/1607. 08224〉 .

［24］Collins，Harry 2017. Gravity's Kiss：The Detection of Gravitational Waves. Cambridge：MIT Press. For Chapter 14，see： 〈http：//arxiv. org/abs/1607. 07373〉 .

［25］Collins，Harry Forthcoming. Forms of Life：The Method and Meaning of Sociology. Cambridge，MA：MIT Press.

［26］Collins，Harry and Evans，Robert 2007. Rethinking Expertise. Chicago：University of Chicago Press.

［27］Collins，Harry and Evans，Robert 2014. 'Quantifying the Tacit：The Imitation Game and Social Fluency'，Sociology 48/1：3-19.

［28］Collins，Harry and Evans，Robert 2015. 'Expertise Revisited I - Interactional expertise'，Studies in History and Philosophy of Science

54: 113-23; preprint at: ⟨http: //arxiv. org/abs/1611. 04423⟩ .

[29] Collins, Harry and Evans, Robert 2017. Why Democracies Need Science. Cambridge: Polity.

[30] Collins, Harry and Kusch, Martin 1998. The Shape of Actions: What Humans and Machines Can Do. Cambridge: MIT Press.

[31] Collins, Harry and Pinch, Trevor 1993/1998. The Golem: What Everyone Should Know About Science. Cambridge and New York: Cambridge University Press; New editions, 1998 (sub-titled What You Should Know about Science), reissued as Canto Classic in 2012.

[32] Collins, Harry and Pinch, Trevor 1995. Dr Golem: How to Think about Medicine. Chicago: University of Chicago Press.

[33] Collins, Harry and Pinch, Trevor 2005. Dr Golem: How to Think about Medicine. Chicago: University of Chicago Press.

[34] Collins, Harry and Reber, Arthur 2013. 'Ships that Pass in the Night', Philosophia Scientiae 17/3: 135-54.

[35] Collins, Harry and Weinel, Martin 2011. 'Transmuted Expertise: How Technical Non-experts Can Assess Experts and Expertise', rgumentation: Special Issue on Rethinking Arguments from Experts 25/3: 401-13.

[36] Collins, Harry, Bartlett, Andrew and Reyes-Galindo, Luis 2017. 'The Ecology of Fringe Science and its Bearing on Policy', Perspectives on Science 25/4: 411-38. Available at: ⟨http: //arxiv. org/ abs/1606. 05786⟩ . (An earlier version promulgated as 'The Ecology of Fringe Science and its Bearing on Policy' is available at: ⟨http: // arxiv. org/abs/1606. 05786⟩ .)

[37] Collins, Harry, Clark, Andy and Shrager, Jeff 2008. 'Keeping the Collectivity in Mind?', Phenomenology and the Cognitive Sciences 7/3: 353-74.

[38] Collins, Harry, Ginsparg, Paul and Reyes-Galindo, Luis 2016. 'A Note Concerning Primary Source Knowledge', Journal of the

Association for Information Science and Technology，May DOI：10. 1002/asi. Available at：〈http：//arxiv. org/abs/1605. 07228〉．

［39］ Collins， Harry， Green， R. H. and Draper， R. C. 1985. 'Where's the Expertise：Expert Systems as a Medium of Knowledge Transfer'， in M. J. Merry （ed. ）， Expert Systems 85， Cambridge：Cambridge University Press， pp. 323-4.

［40］ Collins，Harry，Evans，Robert，Pineda，Sergio and Weinel，Martin 2016. 'Modelling Architecture in the World of Expertise'，Room One Thousand 4：23-34.

［41］ Collins，Harry，Hall，Martin，Evans，Robert and O'Mahony，Hannah Forthcoming. Imitation Games：A New Method for Investigating Societies. Cambridge，MA：MIT Press.

［42］ Davis，Ernest 2016. 'How to Write Science Questions that are Easy for People and Hard for Computers'，AI Magazine 31/1：13-22.

［43］ Davis， Ernest 2017. 'Logical Formalizations of Commonsense Reasoning：A Survey'， Journal of Artificial Intelligence Research 59：651-723.

［44］ Deacon，Terrence，W. 1997. The Symbolic Species：The Coevolution of Language and the Brain. New York：Norton.

［45］ Dreyfus， Hubert 1967. 'Why Computers Must Have Bodies in Order to Be Intelligent'， The Review of Metaphysics 21/1：13-32.

［46］ Dreyfus， Hubert L. 1992 ［1972］ . What Computers Can't Do. Cambridge，MA：MIT Press.

［47］ Fleck， Ludwik 1979. Genesis and Development of a Scientific Fact. Chicago：University of Chicago Press （first published in German in 1935 as Entstehung und Entwicklung einer wissenschaftlichen Tatsache：Einführung in die Lehre vom Denkstil und Denkkollektiv） .

［48］ Giles， Jim 2006. 'Sociologist Fools Physics Judges'， Nature 442：8.

［49］ Kuhn， Thomas S. 1962. The Structure of Scientific Revolutions. Chicago: University of Chicago Press.

[50] Kurzweil, Ray 2005. The Singularity is Near: When Humans Transcend Biology, New York: Viking Penguin.

[51] Kurzweil, Ray 2012. How to Create a Mind: The Secret of Human Thought Revealed. New York: Viking Penguin.

[52] Laland, Kevin, N. 2017. Darwin's Unfinished Symphony: How Culture Made the Human Mind. Princeton NJ: Princeton University Press.

[53] Levesque, Hector Unpublished. 'The Winograd Schema Challenge'. Available at: ⟨http://www.cs.toronto.edu/~hector/Papers/winograd.pdf⟩.

[54] Levesque, Hector 2014. 'On Our Best Behaviour', Artificial Intelligence 212: 27-35.

[55] Levesque, Hector 2017. Common Sense, the Turing Test, and the Quest for Real AI. Cambridge, MA.: MIT Press.

[56] Levesque, Hector, Davis, Ernest and Morgenstern, Leora 2012. The Winograd Schema Challenge. Proceedings of Principles of Knowledge Representation and Reasoning.

[57] McCorduck, Pamela 1979. Machines Who Think: A Personal Inquiry into the History and Prospects of Artificial Intelligence. San Francisco: W. H. Freeman.

[58] Marcus, Gary, Ross, Francesca and Veloso, Manuela 2016. 'Beyond the Turing Test', AI Magazine 37/1: 3-4.

[59] Morgenstern, Leora, Davis, Ernest and Ortiz, Charles, L. 2016. 'Planning, Executing, and Evaluating the Winograd Schema Challenge', AI Magazine 37/1: 50-4.

[60] O'Neil, Cathy 2017. Weapons of Math Destruction. Harmondsworth: Broadway Books.

[61] Papert, Seymour 1968. 'The Artificial Intelligence of Hubert Dreyfus: A Budget of Fallacies', MIT Artificial Intelligence Memo No. 154. Available at: ⟨https://dspace.mit.edu/handle/1721.1/6084⟩.

［62］Perlis，Don 2016. 'Five Dimensions of Reasoning in the Wild，AAAI-16 Proceedings of the Thirtieth AAAI Conference on Artificial Intelligence. Phoenix，Arizona，February 12-17，2016：4152-56.

［63］Perlis，Donald，Purang，Khemdut and Andersen，Carl 1998. 'Conversational Adequacy；Mistakes are the Essence'，International Journal of Human- Computer Studies 48：553-75.

［64］Russell，Stuart J. and Norvig，Peter 2003. Artificial Intelligence：A Modern Approach（2nd edn）. Upper Saddle River，New Jersey：Prentice Hall.

［65］Sacks，Oliver 2011. The Man Who Mistook His Wife for a Hat. London：Picador.

［66］Selinger，Evan 2003. 'The Necessity of Embodiment：The Dreyfus-Collins Debate'，Philosophy Today 47/3：266-79.

［67］Selinger，Evan，Dreyfus，Hubert and Collins，Harry 2007. 'Embodiment and Interactional Expertise'，Studies in History and Philosophy of Science 38/4：722-40.

［68］Strong，Tom 2004. 'Bodies and Thinking Motion'，Janus Head 7/2：516-22. Available at：〈http：//www. janushead. org/7-2/ Todes. pdf〉.

［69］Suchman，L. A. 1987. Plans and Situated Action：The Problem of Human- Machine Interaction. Cambridge：Cambridge University Press.

［70］Tegmark，Max 2017. Life 3. 0：Being Human in the Age of Artificial Intelligence. New York：Alfred Knopf.

［71］Todes，Samuel 2001. Body and World. Cambridge，MA：MIT Press.

［72］Turing，Allan. M. 1950. 'Computing Machinery and Intelligence'，Mind LIX 236：433-60.

［73］Vinge，Vernor 1993. 'The Coming Technological Singularity：How to Survive in the Post-Human Era'，VISION-21 Symposium，sponsored by NASA Lewis Research Center and the Ohio Aerospace Institute，March 30-31.

[74] Weber，Joseph and Radak，B. 1996. 'Search for Correlations of Gamma-Ray Bursts with Gravitational-Radiation Antenna Pulses'，Il Nuovo Cimento B Series 11 111/6：687-92.

[75] Weizenbaum，Joseph 1976. Computer Power and Human Reason：From Judgement to Calculation. San Francisco：W. H. Freeman.

[76] Wells，H. G. 1998 [1904] . 'The Country of the Blind'，repr. inThe Complete 154Short Stories of H. G. Wells，ed. John Hammond. London：Phoenix Press，pp. 846-70.

[77] Winch，Peter. G. 1958. The Idea of a Social Science. London：Routledge and Kegan Paul.

[78] Winograd，T. and Flores，F. 1986. Understanding Computers and Cognition：A New Foundation for Design. New Jersey：Ablex.

[79] Wittgenstein，Ludwig 1953. Philosophical Investigations. Oxford：Blackwell.

[80] Xin Luna Dong，Evgeniy Gabrilovich，Kevin Murphy，Van Dang Wilko Horn，Camillo Lugaresi，Shaohua Sun，Wei Zhang 2015. 'Knowledge-Based Trust：Estimating the Trustworthiness of Web Sources' . Available at：⟨http：//arxiv. org/pdf/1502. 03519v1. pdf⟩ .

译 后 记

在 21 世纪的前 20 年里，以"深度学习"为代表的人工智能逐渐跨过技术理论积累和工具平台构建的储备期，开始进入规划化应用，并逐渐深入社会生活的各个领域。随之而来的是一个极具争议性，且与人类未来息息相关的话题——基于机器的人工智能是否会达到甚至超过人类的智能？本书中，社会学家哈利·柯林斯教授深入分析了人类智能和基于深度学习的人工智能所存在的相同之处和显著差异，指出社会性是人类智能的本质特征，认为在人工智能发展的过程中，真正的危机不是来自科学发展的"奇点"，而是当前人类社会对机器指令的妥协。这种妥协将摧毁人类独有的语言使用能力，剥夺语言使用所具有的灵活性和语境敏感性，进而使人类成为机器语言的奴隶。值得我国读者注意的是，柯林斯教授不仅是一个社会学家，也是一个人工智能专家，书中对人工智能的分析，包括对深度学习的分析深刻而有见地，书中许多观点值得我们深入思考。

本书更像是一本科普读物，而不是一本学术专著。作为计算语言学研究人员，本人在翻译这本书的过程中，常常惊叹于柯林斯教授的论证方法。通过简单的、为人熟知的实例来说明抽象、深奥的内在逻辑，这种深入浅出的写作风格是值得学习的。

华中科技大学外国语学院韩雪、张秋妍和姚飞虎三位同学参与了本书的翻译工作。感谢华中科技大学出版社张馨芳和贺翠翠两位编辑的耐心帮助，由于教学科研工作繁重，译稿多次拖延。同时由于本人水平有限，译稿中不对之处，敬请方家指正。

译　者

2022 年 11 月 13 日于华中科技大学科技楼